设置图层的不透明度

用渐变色填充图层制作
蔚蓝色天空

应用混合选项抠图

用图案填充图层为
衣服添加图案

用纯色填充图层制作
磨损照片

裁剪图像

利用工具创建几何选区

利用命令创建选区

利用套索工具创建
不规则选区

在选区内贴入图像

利用多边形套索工具绘制立体盒子

利用"调整边缘"命令
为人物染发

填充颜色

利用"曲线"命令
制作青春纪念照

利用"填充"命令制作
伤疤

利用"色相/饱和度"
命令改变季节

利用"内容识别"命令
修复图像

利用"去色"命令制作
灰度图像

利用颜色替换工具表现
创意色彩

通道与抠图

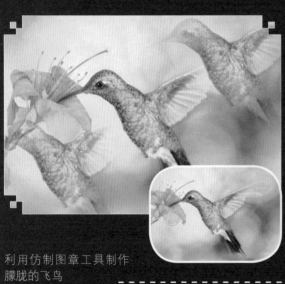

利用仿制图章工具制作
朦胧的飞鸟

图层蒙版

创建点文字

利用"油画"命令制作
荷花油画

创建和编辑 3D 对象的纹理

记录宝宝快乐的童年时光

温情瞬间——咖色调打造法国浪漫色彩

阳光灿烂的童年

色温调整——秦殇帝国

调出华丽的风光照片效果

精调风光照片中花卉的颜色

服装设计画册——金尚服饰

合成清爽的荷花美图

科技企业画册——白马科技

合成空中城堡

霓虹灯广告——化妆晚会

高立柱广告——耳机
宣传页

金属按钮设计

矢量 ICON1——日历
图标

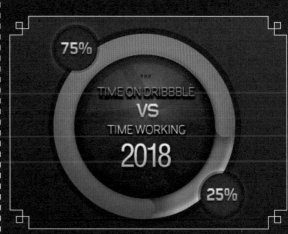

进度条、下拉菜单设计

矢量 ICON2——收音机
图标

打造艺术插画人像

雅典娜女神——通过与 Poser 软件
配合制作游戏插画

电台宣传海报的合成

直通车界面——珠宝翡翠
产品界面

产品全页面——化妆品
产品界面

时尚杂志海报的合成

畅销升级

Photoshop CC 中文版

从入门到精通

冯 涛 编著

第2版

机械工业出版社

CHINA MACHINE PRESS

本书从初学者的角度出发，全面介绍了 Photoshop CC 在图像处理中的应用，以及使用该软件时应掌握的操作技巧。由于每章的每一小节都是一个小专题，为了让读者充分理解其中的知识，还设置了"实战案例"的内容。最后通过几个大型综合实例，帮助读者融会贯通 Photoshop CC 的功能并达到精通实际应用的目的。

全书共分为 26 章，基本囊括了 Photoshop CC 中的所有关键知识点，由浅入深地对软件进行讲解。其中第 1~19 章是 Photoshop CC 常用的各种功能，在介绍知识点的同时配以"实战案例"进行上手练习。第 20~26 章是案例实战，对 Photoshop 的软件知识进行综合展示和应用。

本书适合 Photoshop CC 软件的初学者快速掌握软件操作和图像处理的方法，也适合广大平面设计爱好者，以及有一定设计经验需要进一步提高图像处理、平面设计水平的相关行业从业人员使用，还可作为各类软件培训学校和大中专院校的教学辅导用书。

图书在版编目（CIP）数据

Photoshop CC 中文版从入门到精通 / 冯涛编著 .—2 版 .—北京：机械工业出版社，2014.11（2017.9重印）

ISBN 978-7-111-48550-6

Ⅰ.①P… Ⅱ.①冯… Ⅲ.①图象处理软件 Ⅳ.① TP391.41

中国版本图书馆 CIP 数据核字（2014）第 266028 号

机械工业出版社（北京市百万庄大街 22 号 邮政编码 100037）
策划编辑：丁 伦 责任编辑：丁 伦
责任校对：丁 伦 责任印制：李 飞
北京铭成印刷有限公司印刷
2017 年 9 月第 2 版第 4 次印刷
185mm×260mm · 21 印张 · 528 千字
6001—7200 册
标准书号：ISBN 978-7-111-48550-6
ISBN 978-7- 89405-673-3（光盘）
定价：79.90 元（附赠1DVD，内含教学视频）

电话服务 网络服务
社 服 务 中 心：（010）88361066 教材网：http://www.cmpedu.com
销 售 一 部：（010）68326294 机工官网：http://www.cmpbook.com
销 售 二 部：（010）88379649 机工官博：http://weibo.com/cmp1952
读者购书热线：（010）88379203 **封面无防伪标均为盗版**

前　言

本书是学习 Photoshop 图像处理技术的完全自学教程，书中全面、系统地讲解了 Photoshop CC 的操作方法及应用技巧，涵盖了 Photoshop CC 的所有重要工具、面板和菜单命令。全书共分为 26 章，从最基本的 Photoshop 的工作界面开始讲起，以循序渐进的方式逐步深入解读选区、绘画与修图、调色、图层、蒙版、通道、钢笔、形状工具、文字、滤镜、动作、3D 技术成像、打印输出等 Photoshop 图像处理技术。

写作特点

本书采用"知识点 + 实战案例 + 精通提高"的形式，通过精心安排的数十个实例，将 Photoshop CC 的操作方法与应用案例完美结合，初学者可以在动手实践的过程中轻松掌握各种图像处理技术。完成案例的操作之后，还可以在参数解读部分了解相关 Photoshop 功能的具体解释说明，从而做到即学即用，避免了在学习过程中走弯路。

本书实例精彩、类型丰富，其中既有 Photoshop CC 软件的操作实例，又有特效字、纹理、质感、数码照片处理、动画、3D、海报、插画、UI、ICON 等 Photoshop CC 应用实例，不仅可以帮助初学者掌握 Photoshop CC 使用技巧，更能有效应对数码照片处理、平面设计、网页设计、特效制作等实际工作任务。

版面特点

本书采用横向排版，版式设计清晰、明快，读者阅读时轻松、顺畅，提示、知识补充等环节不仅突出了学习重点，还扩展了知识范围。

适用范围

本书适合大中专院校相关专业作为 Photoshop 教材使用，也适合 Photoshop 初学者、摄影爱好者、网店从业人员，以及从事平面设计、UI 设计、网页设计、三维动画设计、影视广告设计、影楼后期工作的人员学习参考。

光盘说明

本书的配套光盘中包含所有实例、课后作业的素材和最终效果文件，并附赠海量设计资源和学习资料，包括 50 多个 Photoshop 视频教学录像以及画笔库、形象库、渐变库、样式库、动作库等。本书书盘结合，构成了超值的学习套餐。

本书由冯涛（河北工程技术高等专科学校）负责编写并统稿。此外，参与本书写作的人员还包括田龙过、钱政华、王育新、贺海峰、杜娟、谢青、吴淑莹、杨晓杰、李靖华、蒋芳、郝红杰、田晓鹏、郑东、侯婷、吴义娟、张龙、苏雨、倪茜、师立德、袁碧悦、张毅、刘晖等人。由于时间仓促，以及作者水平有限，书中不足之处在所难免，还望广大读者朋友批评指正。

编　者

目录

第 2 部分 综合实例

第 1 章

Photoshop 的基本操作

本章主要讲解了 Photoshop CC 的基本操作，包括软件界面
的介绍、工作区的设置以及辅助工具的应用，通过对这些基
础知识的掌握，用户可以自定义在工作中需要的软件界面，
提高工作效率。

Photoshop CC 的工作界面

● 光盘路径
Chapter01\Media

Keyword ● 面板、软件的基本操作

● Level ——
◇◇◇◇
● Version ——
CS3、CS4、CS5、CS6

　　运行Photoshop CC以后，用户可以看到用来进行图形操作的各种工具、菜单以及面板的默认操作界面。在本章中将学习Photoshop CC的所有构成要素及工具、菜单和面板，通过本章的学习，初学者会对Photoshop软件有一个大致了解。

1.1.1　　了解工作界面的组件

　　Photoshop CC的界面主要由工具箱、菜单栏、面板和编辑区等组成。如果用户熟练地掌握了各组成部分的基本名称和功能，就可以自如地对图形图像进行操作，**01**是软件的操作界面图。

❶ 菜单栏

菜单栏由11类菜单组成，如果单击有▶符号的菜单，就会弹出下级菜单**02**。

❷ 选项栏

在选项栏中可以设置工具箱里所选择工具的选项。根据所选工具的不同，所提供的选项也有所区别**03** **04**。

❸ 工具箱

工具箱中包含了用于创建和编辑图像、图稿、页面元素的工具及按钮，默认情况下，工具箱停放在窗口左侧 05。

❹ 图像窗口

该区域是显示Photoshop中导入图像的窗口，在标题栏中显示文件名称、文件格式、缩放比率以及颜色模式 06。

❺ 状态栏

状态栏位于图像下端，用于显示当前编辑所图像文件的大小以及图片的各种信息说明。单击右三角按钮，在弹出的下拉列表中可以自定义文档的显示信息 07。

❻ 面板

为了更方便地使用Photoshop的各项功能，将其以面板形式提供给用户 08 09。

 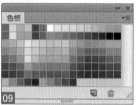

1.1.2　了解文档窗口

用户在Photoshop中打开一个图像时，便会创建一个文档窗口，如果打开了多个图像，则各个文档窗口会以选项卡的形式显示，单击一个文档的名称，即可将其设置为当前操作的窗口 10，按下快捷键Ctrl+Shift+Tab，可按照相反的顺序切换窗口 11。

单击一个窗口的标题栏并将其从选项卡中拖出，它便成为一个可以任意移动位置的浮动窗口 **12**，拖动浮动窗口的一个边角，可以调整窗口的大小 **13**。

如果打开的图像数量较多，选项卡中不能显示所有文档，可单击它右侧的双箭头图标，在打开的下拉菜单中选择需要的文档 **14**；在选项卡中水平拖动各个文档的名称，可以调整它们的排列顺序 **15**。

单击一个窗口右上角的 × 按钮，可以关闭该窗口 **16**；如果要关闭所有窗口，可以在一个文档的标题栏上单击鼠标右键，在弹出的快捷菜单中选择"关闭全部"命令 **17**。

? 问答：如何利用快捷键关闭文档？

除了可以利用上述方法关闭文档之外，用户还可以按下快捷键Ctrl+W关闭文档，而软件不会被关闭；同时，也可以在一个文档的标题栏上单击鼠标右键，在弹出的快捷菜单中选择"关闭"命令。当相应打开了多个文档时，按下若干次快捷键Ctrl+W，会将文档逐一关闭。

! 提示：在文档标题栏上单击右键后弹出的快捷菜单

- ●关闭：关闭当前文档。
- ●关闭全部：关闭所有的文档。
- ●移动到新窗口：将文档以浮动窗口的形式显示。
- ●新建/打开文档：执行这两个命令之后，会相应弹出"新建"、"打开"对话框。

1.1.3　了解工具箱

启动Photoshop时，工具箱将显示在屏幕左侧。Photohsop CC的工具箱中包含了用于创建和编辑图像、色彩、页面元素的工具和按钮，这些工具分为7组**18**，单击工具箱顶部的双箭头 ▶▶，可以将工具箱切换为单排（或双排）显示**19**。同时，还可以展开某些工具查看它们后面隐藏的工具，工具图标右下角的小三角形表示存在隐藏工具。

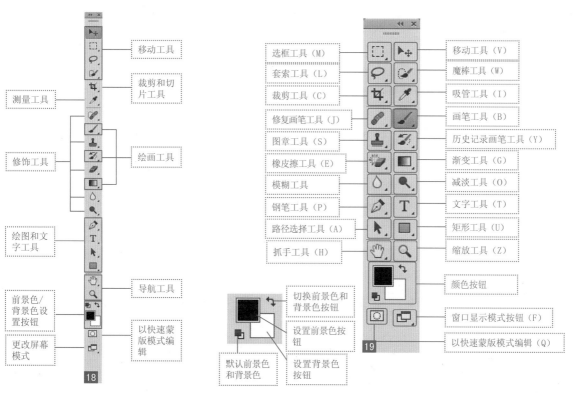

在Photoshop中对图像进行操作时，有时为了方便图像的编辑，可以将工具箱移动到其他位置**20**。如果想要复位工具箱，执行"窗口>工作区>基本功能（默认）"命令，就可以将软件界面恢复为默认状态，工具箱也会被复位到界面的左侧**21**，同时，用户还可以直接单击工具箱上方的灰色条，将其拖曳到软件窗口的左上方，待其吸附后，释放鼠标即可。

1.1.4　了解选项栏

工具选项栏用于设置工具的选项，它会随着所选工具的不同变换选项内容，Photoshop选项栏默认位于当前窗口的顶部，其中有一些对应当前工具、命令按钮或者输入数值的数值框，以下用横排文字工具的选项栏作为图例 22。

①文本框：在文本框中可以输入数值，如果旁边有 · 按钮，也可单击该按钮，此时会弹出一个下拉菜单，选择所需的数值即可。

②菜单箭头 ⇕：单击该按钮，可以打开一个下拉菜单，在其中选择所需的选项。

③取消按钮 ⊘ / ④提交按钮 ✔：执行某些操作，例如使用横排文字工具 T，输入文字或者使用自由变换命令旋转文字时，选项栏中会出现用于取消当前更改的取消按钮 ⊘，以及用于确定当前更改的提交按钮 ✔。

1.1.5　了解菜单

在Photoshop CC中有11个主菜单 23，每个菜单内都包含一系列命令。例如，"图层"菜单中包含的是用于设置图层的各种命令，"选择"菜单中包含的是编辑选区的各种命令。

`23` **Ps**　文件(F)　编辑(E)　图像(I)　图层(L)　类型(Y)　选择(S)　滤镜(T)　3D(D)　视图(V)　窗口(W)　帮助(H)

1. 打开菜单

单击一个菜单即可打开该菜单。在菜单中，不同功能的命令之间用分割线隔开，带有黑色三角标记的命令表示还包含下拉菜单 24。

2. 选择菜单

选择菜单中的一个命令可执行该命令。如果命令后面有快捷键 25，则按下快捷键可快速执行该命令，例如，按下快捷键Ctrl+M可执行"图像>调整>曲线"命令。有些命令只提供了字母，要通过快捷方式执行这些命令，可按下Alt键+主菜单的字母打开主菜单，再按下命令后的字母执行该命令，例如，按下快捷键Alt+I+R可执行"图像>裁切"命令 26。

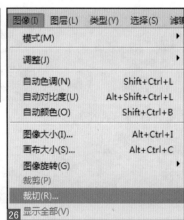

> **? 问答：为什么有些命令是灰色的？**
>
> 如果菜单中的某些命令显示为灰色，表示它们在当前状态下不能使用。例如，在没有创建选区的情况下，"选择"菜单中的多数命令都不能使用。此外，如果一个命令的名称右侧有"..."状符号，表示执行该命令时会弹出一个对话框。

● 光盘路径

Chapter01\Media

设置工作区

Keyword ● 工作区的设置、彩色菜单

在Phtoshop的工作界面中，文档窗口、工具箱和面板等的排列称为工作区。Photoshop提供了适合不同操作任务的工作区，例如对图像进行设计时，可以选择"设计"工作区，界面就会显示与图层和色彩等有关的各种面板。同时，用户还可以根据需求自定义不同的工作界面。

1.2.1　使用预设工作区

单击选项栏右侧的 按钮，在打开的下拉菜单中选择一个选项01，或者执行"窗口>工作区"下拉菜单中的命令02，即可切换为Photoshop为用户提供的预设工作区，03为"摄影"工作区。

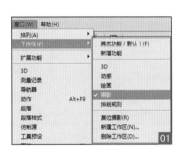

"3D""设计""动感""绘画""摄影"是Photoshop设计人员专为简化某些任务而设计的预设工作区，"基本功能（默认）"是最基本的、没有进行特别设计的工作区，如果修改了工作区（如扩大了面板或移动了面板的位置04），执行该命令就可以恢复为Photoshop默认的工作区05；选择"新增功能"工作区，各个菜单命令中的Photoshop CC新功能会显示为彩色06。

当用户自定义了工作区之后，如果要删除自定义的工作区，可以选择菜单中的"删除工作区"命令。

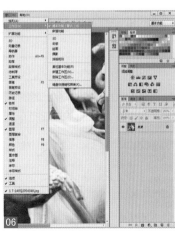

1.2.2　自定义彩色菜单命令

在对文档进行编辑的过程中，用户会经常使用到某些菜单命令，为了快速地找到这些命令，不妨将其设置为彩色的菜单命令做以标记。接下来讲解如何将常用的菜单命令设置为彩色。

执行"编辑>菜单"命令，弹出"键盘快捷键和菜单"对话框。单击"选择"命令前面的按钮▶，展开该菜单07，选择"全部"命令，在08的位置单击，在打开的下拉列表中为"全部"命令选择紫色。选择"无"表示不为命令设置任何颜色。单击"确定"按钮之后，打开"选择"菜单可以看到"全部"命令已经凸显为紫色了09。

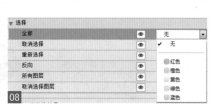

1.2.3　自定义工具快捷键

和自定义彩色菜单命令的方法相似，用户也可以为Photoshop工具箱中的软件设置快捷键，以便于记忆和选择工具。

执行"窗口>工作区>键盘快捷键和菜单"命令，弹出"键盘快捷键和菜单"对话框，在"快捷键用于"下拉列表中选择"工具"选项10。

在"工具面板命令"中选择移动工具，可以看到它的快捷键是V11，单击右侧的"删除快捷键"按钮，可以将该工具的快捷键删除12。

前景色拾色器没有快捷键，用户可以将移动工具的快捷键指定给它。选择前景色拾色器，在显示的文本框中输入"V"13，单击"确定"按钮，快捷键"V"已经分配给了前景色拾色器工具，按下"V"键就可以弹出"拾色器（前景色）"对话框14。

第 2 章

Photoshop CC 快速上手

本章主要讲解了 Photoshop CC 的一些基本概念以及常用的
文件操作方法，可以使初学者很快地了解 Photoshop 的知识以
及掌握简单的文件操作，从而使工作更加轻松，让操作流程
更加高效。

● 光盘路径
Chapter02\Media

Section 2.1

● Level
◇◇◇
● Version
CS4、CS5、CS6、CC

位图和矢量图的概念

Keyword ● 位图、矢量图

计算机绘图分为点阵图（又称位图或栅格图像）和矢量图两大类，矢量图用直线和曲线描述图形，这些图形的元素是一些点、线、矩形、多边形、圆和弧线等，它们都是通过数学计算获得的。

1. 位图

位图是由称作像素（图片元素）的单个点组成的。这些点可以进行不同的排列和染色以构成图样。打开一个图像01，当放大位图时，可以看见构成整个图像的无数单个方块02。扩大位图尺寸的效果是增大单个像素，从而使线条和形状显得参差不齐。

2. 矢量图

矢量图是根据几何特性来绘制图形，矢量图可以是一个点或一条线，矢量图只能靠软件生成，文件占用的内存空间较小，因为这种类型的图像文件包含独立的分离图像，可以自由、无限制的重新组合。绘制一个矢量图03，将其放大，图像效果不会发生变化04。

> **⚠ 提示：矢量图的优点和缺点**
>
> 矢量图最大的优点是无论放大、缩小或旋转都不会失真；最大的缺点是难以表现色彩丰富、逼真的图像效果。

基于矢量图的软件和基于位图的软件最大的区别在于：基于矢量图的软件原创性比较大，主要长处在于原始创作05；基于位图的处理软件后期处理比较强，主要长处在于图片的处理06 07。

> **❓ 问答：绘制矢量图的软件有哪些？**
>
> 市面上常见的用来绘制矢量图的软件包括Adobe Illustrator和CorelDRAW，Adobe公司的Illustrator，Corel公司的CorelDRAW是众多矢量图设计软件中的佼佼者，矢量图的输出格式有EPS、WMF、CDR、AI等。Adobe Illustrator和Photoshop是同属Adobe公司的产品。

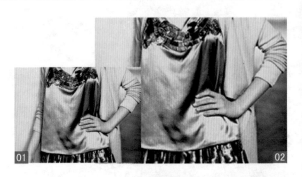

图像的颜色模式和文件格式

Section

2.2

● Level
◇◇◇

● Version
CS4、CS5、CS6、CC

● 光盘路径
Chapter02\Media

Keyword　● 图像的颜色模式

　　图像的颜色模式是指同一属性下的不同颜色的集合，方便用户使用各种颜色。图像的文件格式是记录和存储影像信息的格式。对数字图像进行存储、处理时，必须采用一定的图像格式，也就是把图像的像素按照一定的方式进行组织和存储，再把这些图像数据存储成文件就得到了图像文件。

　　颜色模式决定了用来显示和打印所处理图像的颜色方法。打开一个文件后，在"图像>模式"下拉菜单中选择一种模式 **01**，即可将其转换为该模式。其中，RGB、CMYK、Lab等是常用和基本的颜色模式，索引颜色和双色调等则是用于特殊色彩输出的颜色模式。颜色模式基于颜色模型（一种描述颜色的数值方法），选择一种颜色模式，就等于选用了某种特定的颜色模型。

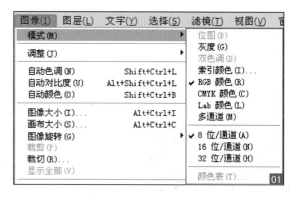

1. 灰度颜色模式

灰度模式的图像不包含颜色，彩色图像转换为该模式后，色彩信息都会被删除。

　　灰度图像中的每个像素都有一个0～255的亮度值，0代表黑色，255代表白色，其他值代表了黑、白中间过渡的灰色。在8位图像中，最多有256级灰度，在16和32位图像中，图像中的级数比8位图像要大得多。

　　打开一个RGB颜色模式 **02** 的文件 **03**，执行"图像>模式>灰度"命令，之后会弹出"信息"对话框 **04**，单击"扔掉"按钮，就可以将彩色信息删除，显示出灰色 **05** 图像的效果 **06**。

! 提示：将灰度模式转换为位图模式

只有灰度模式和双色调模式的图像才能转换为位图模式，其他模式的图像必须先转换为灰度模式，然后才能进一步转换为位图模式。

2. RGB颜色模式

RGB是通过红、绿、蓝3种原色光混合的方式来显示颜色的，计算机显示器、扫描仪、数码相机、电视、幻灯片、网络、多媒体等都采用这种模式。在24位图像中，每一种颜色都有256种亮度值，因此，RGB颜色模式可以重现1 670万种颜色（266×256×256）。打开一个文件07，在"通道"面板中可显示图像为RGB颜色模式08。在Photoshop中除非有特殊要求使用特定的颜色模式，RGB都是首选。在这种模式下可以使用所有的Photoshop工具和命令，而其他模式会受到限制。

3. CMYK颜色模式

CMYK是商业印刷中使用的一种四色印刷模式。它的色域（颜色范围）要比RGB模式小，只有在制作要用印刷色打印的图像时才使用该模式。此外，在CMYK模式下有许多滤镜都不能使用。在CMYK颜色模式中，C代表了青、M代表了品红、Y代表了黄、K代表了黑色。在CMYK模式下，可以为每个像素的每种印刷油墨指定一个百分比值。

打开一个RGB颜色模式09的文件10，执行"图像>模式>CMYK颜色"命令，弹出"Adobe Photoshop CC"对话框11，单击"确定"按钮，即可将图像转变为CMYK颜色模式12的图像13。

4. 多通道模式

多通道是一种减色模式，打开一个文件14，将RGB图像15转换为该模式16，可以得到青色、洋红和黄色通道。此外，如果删除RGB、CMYK、Lab模式的某个颜色通道，图像会自动转换为多通道模式17。在多通道模式下，每个通道都是用256级灰度。在进行特殊打印时，多通道图像十分有用。

● 光盘路径
Chapter02\Media

Section 2.3

文件的基本编辑

Keyword ● 编辑文件

● Level
◇◇◇
● Version
CS4、CS5、CS6、CC

在了解了Photoshop中常用的一些基本概念之后，接下来讲解文件的基本编辑，包括新建和打开文件、存储与关闭文件、置入和导出文件，在掌握了这些编辑之后，用户就可以结合其他知识熟练地将文件保存为用户所需要的文件类型了。

2.3.1　新建和打开文件

1. 新建文件

创建新文件是Photoshop CC中最基本的操作，如果要设计一个图像效果，首先要新建或打开一个文件。下面通过学习设置文件的大小和分辨率，新建一个适合用户的空白文档。

01 执行"文件>新建"命令，在弹出的"新建"对话框中设置相关参数**01**，然后单击"确定"按钮，就会新建一个空白文档，白色区域即为操作区域**02**。

02 在新建文件的过程中，可以在"新建"对话框中选择Photoshop软件中提供的尺寸，也可以自定义尺寸。单击"预设"选项的下拉列表按钮，在下拉列表中选择"国际标准纸张"选项**03**，然后选择一个文件尺寸**04**。

03 在"颜色模式"下拉列表中根据需要为新建文件选择一种模式**05**，然后单击"确定"按钮，即可新建一个空白文档**06**。

！ 提示：更改文件模式的其他方法

除了在新建文件时设置文件的颜色模式外，还可以执行"图像>模式"命令，在其下拉菜单中选择一种文件模式。

2.打开文件

打开文件的方式有多种，可以通过快捷键打开文件，还可以通过菜单命令等方式打开文件，接下来介绍文件的打开方式。

01 执行"文件>打开"命令**07**或按下快捷键Ctrl+O，弹出"打开"对话框**08**。

02 选择正确的文件路径，将文件选中**09**，然后单击"打开"按钮将文件打开**10**，就可以对文件进行不同的编辑了。

2.3.2　置入文件

打开Photoshop CC之后，可执行"文件>置入"命令将图片放入图像中的一个新图层内。在Photoshop中，可以置入PDF、Adobe Illustrator和EPS文件。PDF、Adobe Illustrator和EPS文件在置入之后都会被栅格化，因而无法编辑所置入图片中的文本或矢量数据，所置入的图片按其文件的分辨率栅格化。

01 新建一个文件或打开一个Photoshop图像文件，该文件应是用户要将图片置入的图像文件**11**。

02 执行"文件>置入"命令，在弹出的"置入"对话框中选择要置入的文件**12**，并单击"置入"按钮置入**13**。

03 单击选项栏中的 ✓ 按钮，确认操作 **14**；如果单击 ⊘ 按钮，则取消置入文件的操作。可以看到置入的文件作为智能对象被打开 **15**。

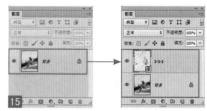

2.3.3　存储和关闭文件

　　保存文件和关闭文件是完成一幅作品的最后一个操作步骤，用户可以将文件保存为不同的格式，以便进行其他编辑和打印等，保存好文件之后就可以将其关闭，接下来讲解保存和关闭文件的具体操作过程。

01 在对图像编辑完成之后 **16**，就可以将图像保存。如果是第一次保存该文件，执行"文件>保存"命令或按下快捷键Ctrl+S，会弹出"存储为"对话框 **17**。

02 设置文件的保存路径、名称和格式 **18**，单击"保存"按钮就可以将文件保存 **19**。

> ⓘ **提示：对已经存储的文件进行保存**
>
> 当用户已经存储了正在编辑的文件，如果对文件还进行了其他编辑，按下快捷键Ctrl+S会替换存储的文件；如果要将后来的编辑效果另外存储，可以按下快捷键Ctrl+Shift+S将文件另存。

03 按下快捷键Ctrl+W，就可以将文件关闭，而Photoshop CC软件依然保持运行状态 **20**。

> ⓘ **提示：关闭文件的其他方法**
>
> 执行"文件>关闭"命令或单击文档右上角的关闭按钮 ⊠，也可以将文件关闭。

第 3 章

控制图像的显示和调整画布

　　在 Photoshop 中，图像的显示模式有多种，同时用户也可以将图像窗口放大或缩小，以便显示图像的局部或完整效果，这样在操作过程中便于在细节方面制作图像。本章主要讲解控制图像的窗口和显示以及调整图像的画布等知识。

● 光盘路径

Chapter03\Media

Section 3.1 控制图像的窗口

● Level
◇◇◇

● Version
CS4、CS5、CS6、CC

Keyword　● 排列窗口

当用户在Photoshop中编辑图像时，有时候会一次打开多个文档，此时需要将这些文档进行一些必要的调整，以便操作顺利进行。经常用到的操作包括移动窗口的位置、调整窗口的大小以及重新排列窗口的顺序等，下面逐一进行介绍。

3.1.1　移动窗口的位置

默认情况下，在Photoshop CC中打开的文档都会吸附到软件的操作区域，但有时候需要移动窗口到其他位置，使其呈现出悬浮的状态进行操作，本小节主要讲解移动窗口位置的具体操作。

打开一个文档 **01**，用户可以看到文档窗口吸附在软件的操作区域，如果需要查看文档的图像大小，最快捷的方式就是在图像窗口标题栏处单击鼠标右键，在弹出的快捷菜单中选择"图像大小"命令，此时，就需要移动窗口将其显示为悬浮状态 **02**。如果要将悬浮窗口移动到其他位置，可以单击文档的标题栏拖动到目标位置，然后松开鼠标 **03**。

3.1.2　调整窗口的大小

在Photoshop中可以调整窗口的大小，但是在调整窗口的大小时有一个前提，就是必须使文档处于悬浮状态，才可以将文档最大化显示、最小化显示，或者显示为任意大小。

1. 最大化显示窗口

当文档窗口显示为悬浮状态时 **04**，单击标题栏右侧的最大化按钮 ▢ 或双击标题栏的任意位置，就可以将文档最大化显示 **05**。

2. 最小化显示窗口

当文档窗口显示为悬浮状态时 **06**，单击标题栏右侧的最小化按钮 ▬，就可以将文档最小化显示，图像会暂时隐藏 **07**。

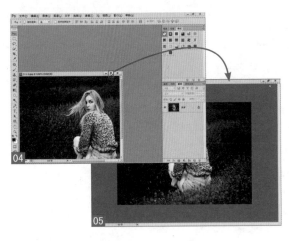

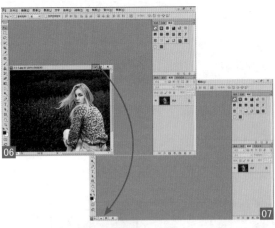

3.任意调整图像窗口

当文档窗口显示为悬浮状态时，拖动窗口四周的任意位置，待鼠标指针变为双箭头形状时08拖动即可调整窗口的大小09。

3.1.3　重新排列窗口

当用户同时打开多个文档时，文档会按顺序吸附在软件的操作界面中10，如果要重新排列文档的显示状态，可以执行"窗口>排列"命令，在弹出的下拉菜单中选择一种排列方式11。12为全部垂直拼贴排列，13为四联排列。

Section

3.2

● Level
◇◇◇

● Version
CS4、CS5、CS6、CC

控制图像的显示

● 光盘路径

Chapter03\Media

Keyword   ● 图像的显示

　　在Photoshop中图像的显示有多种，用户可以根据需要将图像局部放大或缩小，或者移动到某个局部位置，同时还可以利用不同的模式预览图像效果，本节主要讲解控制图像的显示。

1. 放大与缩小图像

　　打开一个图像文件，将其适合屏幕显示 **01**，然后选择工具箱中的缩放工具 🔍，在图像窗口中单击，即可将图像放大显示 **02**，按住Alt键单击图像窗口，可将图像缩小显示 **03**。

⬤⬤ 知识扩展

　　在缩放图像的显示时，除了可以利用缩放工具将图像放大或缩小到合适显示以外，还可以利用状态栏中的手动设置参数准确地设置图像的显示。例如在参数框中输入20，然后按Enter键，就可以将图像以20%的比例显示，输入120，按Enter键，可以将图像放大到原图像大小的1.2倍显示。但是，无论放大或缩小图像，只是视觉上的放大或缩小，图像的实际尺寸不会改变。

2. 按照屏幕显示合适的图像大小

　　04为缩放工具的选项栏，❶、❷、❸分别为实际像素、填充屏幕、打印尺寸选项下的图像显示。

3. 移动图像窗口显示图像区域

当要编辑图像局部时，首先利用缩放工具将图像放大 05 ，这时候就可以选择抓手工具 或按下空格键临时切换到抓手工具，然后移动图像至合适的位置 06 ，以便快速编辑。

4. 切换屏幕模式

用户可以使用屏幕模式选项在整个屏幕上查看图像，同时也可以显示或隐藏菜单栏、标题栏和滚动条。

要显示标准屏幕模式（菜单栏位于顶部，滚动条位于侧面），应执行"视图>屏幕模式>标准屏幕模式"命令 07 ；要显示带有菜单栏和50%灰色背景、但没有标题栏和滚动条的全屏窗口，应执行"视图>屏幕模式>带有菜单栏的全屏模式" 08 ；要显示只有黑色背景的全屏窗口（无标题栏、菜单栏或滚动条），应执行"视图>屏幕模式>全屏模式"命令 09 。

> ！ 提示：用快捷键缩放图像与切换屏幕模式
>
> 放大按快捷键Ctrl+ +，缩小按快捷键Ctrl+ -，以实际像素显示按快捷键Ctrl+1，按屏幕大小缩放按快捷键Ctrl+0，按F键可以在3个不同的屏幕模式下来回切换，这些快捷键可以在"视图"菜单命令中实现。

> ◎◎ 知识扩展
>
> 此处讲解了图像的屏幕模式的相关操作，如果用户要设置屏幕的属性，可以执行"编辑>首选项>界面"命令，在弹出的对话框中设置界面的外观等。

● 光盘路径
Chapter03\Media

控制图像的画布

Section 3.3

Level ◇◇◇

Version
CS4、CS5、CS6、CC

Keyword ● 画布

在进行绘图处理时，有时会因为素材的尺寸关系对画布的大小进行调整。例如，当素材的宽度或高度超出图像窗口的显示范围后，可以通过增加画布的尺寸将图像完全显示；当只需要图像中的局部时，可以通过裁剪图像来缩小画布。用户可以通过以下方法对画布进行调整。

3.3.1　调整画布尺寸

01 打开一个文件 **01**，这个图像的背景太大，与人物大小不协调，此时可以通过修改画布尺寸的方式来更改图像大小。

02 执行"图像>画布大小"命令，会弹出"画布大小"对话框 **02**，设置相关参数后，单击"确定"按钮即可改变画布的大小。

03 设置画布的宽度为6厘米、高度不变，并且设置图像的定位方式，然后单击"确定"按钮 **03**，即可改变图像的显示效果与画布大小。

> **问答：什么情况下会出现警告框？**
> 当用户改变画布大小时，如果新建的画布尺寸小于原有的画布尺寸，就会出现一个警告框 **04**，单击"继续"按钮，即可改变画布大小 **05**。

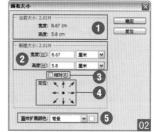

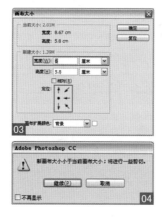

02 为"画布大小"对话框，下面讲解该对话框中的参数设置。

❶当前大小：显示当前图像的宽度与高度的实际尺寸和文档的实际大小。

❷新建大小：可以在"宽度"和"高度"框中输入画布的尺寸。当输入的数值大于原来尺寸时会增加画布，反之则减小画布，减小画布会裁剪图像。输入尺寸后，在该选项栏右侧会显示修改画布后的文档大小。

❸相对：选择该复选框，"宽度"和"高度"选项中的数值将代表实际增加或减少区域的大小，而不再代表整个文档的大小，此时输入正值表示增加画布，输入负值则减小画布。

❹定位：单击不同的方格，可指示当前图像在新建画布上的位置。

❺画布扩展颜色：在该下拉列表中可以选择填充新画布的颜色。如果图像的背景是透明的，则"画布扩展颜色"选项将不可用，添加的画布也是透明的。

3.3.2　　旋转与翻转画布

执行"图像>图像旋转"命令，在弹出的下拉菜单中包含了用于旋转和翻转画布的命令**06**，执行这些命令可以旋转或翻转整个图像，**07**是原图像，**08** **09**是将原图像旋转了30°的效果，**10**是垂直翻转图像的效果。

图像旋转(G)　　　　▶	180 度(1)
裁剪(P)	90 度(顺时针)(9)
裁切(R)...	90 度(逆时针)(0)
显示全部(V)	任意角度(A)...
复制(D)...	水平翻转画布 (H)
06应用图像(Y)...	垂直翻转画布(V)

❓问答： "图像旋转"命令与"变换"命令有何区别？

"图像旋转"命令只能用于旋转整个图像。如果要旋转某个图层中的图像，执行"编辑>变换"命令；如果要旋转选区，执行"选择>变换选区"命令。

3.3.3　　显示全部图像

当用户将一个图像复制到另外一个文档或将图像置入文档时，往往会将一个稍大的图像复制或置入到稍小的文档中，这样图像中会有一些内容位于画布之外而不会显示**11**。执行"图像>显示全部"命令，Photoshop会通过判断图像中像素的位置自动扩大画布，从而显示出全部的图像**12**。

● 光盘路径
Chapter03\Media

Section 3.4　修改像素尺寸

Keyword　● 像素

● Level
◇◇◇
● Version
CS4、CS5、CS6、CC

　　使用"图像大小"命令可以调整图像的像素大小、打印尺寸以及分辨率。修改像素大小不仅会影响图像在屏幕上的视觉大小，还会影响图像的质量及其打印效果，同时也决定了其占用存储空间的大小。

　　打开一个文件01，执行"图像>图像大小"命令，弹出"图像大小"对话框02，其中显示了图像当前的像素尺寸，当用户修改像素大小后，新文件的大小会出现在对话框的顶部，旧文件的大小在括号内显示03。

　　"文档大小"选项组用来设置图像的打印尺寸和分辨率，首先选择"重定图像像素"复选框，然后修改图像的宽度或高度，这样可以改变图像中的像素数量。如果减小图像的大小，就会减少像素数量，此时图像虽然变小，但画面质量不变04 05；而增加图像的大小或提高分辨率会增加新的像素，这时图像尺寸虽然变大了，但画面质量会下降06 07。

　　❶缩放样式：如果文档中的图层添加了图层样式，选择该复选框后，可在调整图像的大小时自动缩放样式效果。只有选择了"约束比例"复选框，才能使用该复选框。

　　❷约束比例：修改图像的宽度或高度值时可保持宽度和高度的比例不变。

　　❸差值方法：修改图像的像素大小在Photoshop中称为"重新取样"。当减少像素的数量时，就会从图像中删除一些信息；当增加像素的数量或增加像素取样时，则会添加新的像素。在对话框最下面的列表中可以选择一种差值方法来确定添加或删除像素的方式，包括"邻近""两次线性"等，默认为"自动两次立方"。

？问答： 增加分辨率能让小图像变清晰吗？

如果一个图像的分辨率较低且模糊，即使增加它的分辨率也不会使它变得清晰。这是因为，Photoshop只能在原始数据的基础上进行调整，无法生成新的原始数据。

第4章

图层的初级操作

Photoshop 软件中的图层功能是处理图像的基本功能。图层就像一张张透明纸，每张透明纸上有不同的图像，将这些透明纸重叠起来就会组成一幅完整的图像，而对图像的某一部分进行修改不会影响到其他透明纸上的图像，也就是说，它们是相互独立的。

● 光盘路径

Chapter04\Media

Section

4.1

● Level
◇◇◇

● Version
CS4、CS5、CS6、CC

什么是图层

Keyword　● 图层

图层是Photoshop最核心的功能之一，承载了几乎所有的编辑操作。如果没有图层，所有的图像都会处于一个平面上，这将失去图层在Photoshop中的特殊作用。在这一章中，我们将学习"图层"面板、图层的基本操作以及图层的管理等知识。

4.1.1　图层的原理

使用图层可以同时操作几个不同的图像，使不同的图像进行合成，并从画面中隐藏或删除不需要的图像和图层。使用图层，可以获得画面统一的图像，以及需要的效果。如果不制作图层，在创作一个较复杂的图片时，假如有一小部分绘制错误，那么就必须重新绘制。其实只需要修改图像的一小部分即可，但却要将所有的图像一起重新制作，这样是非常麻烦的。如果用户事先分别单独创建了构成整体的图像，那么只需要更改不满意的图层图像即可，这样就大大减少了不必要的麻烦，提高了工作效率。

打开一个文件01，从"图层"面板中02可以看到该图像由4个图层组成03。

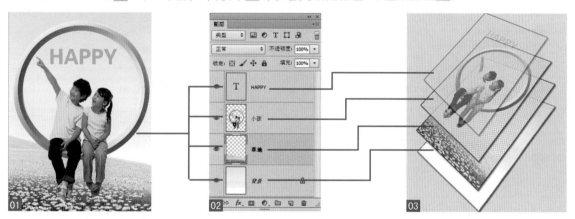

各个图层中的对象都可以单独处理，且不会影响其他图层中的内容。图层可以移动，也可以调整堆叠顺序，04为原图像，此时人物位于草地的上层05，调整图层的堆叠顺序后06，图像效果也不同07。

> ❗ 提示：编辑图层时应注意的事项
>
> 在编辑图层前，首先要将其选择，所选图层称为"当前图层"。绘画、颜色和色调调整都只能在一个图层中进行，而移动、对齐、变换或应用图层样式时可以一次处理所选的多个图层。

除"背景"图层外，其他图层都可以调整不透明度，使图像内容变得透明，不透明度和混合模式可以反复调节，且不会损伤图像。08是将图层的不透明度调整为50%的效果；用户还可以修改其混合模式，09是将混合模式设置为线性加深的效果，让上、下图层之间产生特殊的混合效果。

4.1.2 "图层"面板

在制作复杂的图像时，通常需要很多图层才能完成，在Photoshop中提供了用于管理图层的"图层"面板，包括编辑图层的基本操作方法，下面介绍"图层"面板10。"图层"面板是由图层、图层的混合模式、填充、不透明度、快捷图标以及锁定功能等组成的，如果单击"图层"面板右上方的 ▼≡ 按钮，会弹出下拉菜单11，选择相关命令，可以对图像进行各种编辑。

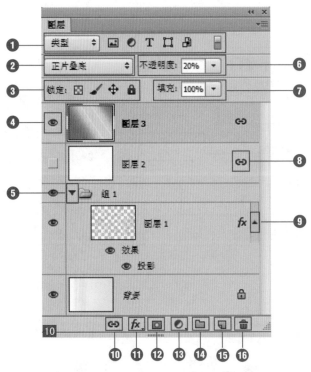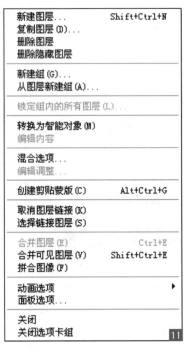

❶ 筛选类型：根据筛选条件显示出符合筛选条件的图层类型。

❷ 设置图像的混合模式：用来设置当前图层的混合模式，使之与下面的图像产生混合。

❸ 锁定按钮 ❖ ✎ ✛ 🔒：用来锁定当前图层的属性，使其不可编辑，包括图像像素、透明像素和位置。

❹ 图层显示标志 👁：显示该标志的图层为可见图层，单击它可以隐藏图层。隐藏的图层不能编辑。

⑤ 展开/折叠图层组▼：单击可以展开或折叠图层组。

⑥ 设置图层的不透明度：用来设置当前图层的不透明度，使之呈现透明状态，从而显示出下面图层中的图像内容。

⑦ 设置填充不透明度：用来设置当前图层的填充不透明度，它与图层不透明度类似，但不会影响图层效果。

⑧ 图层链接标志 ⊕：显示该图标的多个图层为彼此链接的图层，它们可以一同移动或进行变换等操作。

⑨ 展开/折叠图层效果▪：单击可以展开图层效果，显示出当前图层添加的所有效果的名称，再次单击可折叠图层效果。

⑩ 链接图层 ⊕：用来连接当前选择的多个图层。

⑪ 添加图层样式 fx.：单击该按钮可以展开或折叠图层组。

⑫ 添加图层蒙版 ◻：单击该按钮可以为当前图层添加图层蒙版。蒙版用于遮盖图像，但不会将其破坏。

⑬ 创建新的填充或调整图层 ◐.：单击该按钮，在打开的下拉菜单中可以选择创建新的填充图层或调整图层。

⑭ 创建新组 ◻：单击该按钮可以创建一个图层组。

⑮ 创建新图层 ◻：单击该按钮可以创建一个图层。

⑯ 删除图层 ◻：单击该按钮可以删除当前选择的图层或图层组。

4.1.3　图层的特性

图层是Photoshop软件中的一个重要功能，也是常用功能，当用户对图像进行操作时，必须选择要编辑的图层才可以顺利进行；另外，关于"图层"的大部分操作都是在"图层"面板中完成的。接下来学习图层的特性，以便于用户快速了解图层的相关知识。

1.透明性

透明性是图层的基本特性，图层就像是一层层透明度的玻璃纸，在没有绘制色彩的部分，透过上面图层的透明部分能够看到下面图层的图像效果。在Photoshop中，图层的透明部分表现为灰、白相间的网格⑫。

2.独立性

把一幅作品的各个部分放到单个的图层中，能方便地操作作品中任何部分的内容。各个图层之间是相对独立的，在对其中一个图层进行操作时，其他的图层不受影响⑬。

3.遮盖性

图层之间的遮盖性是指当一个图层中有图像信息时会遮盖住下层图像中的图像信息⑭。

4.1.4　图层的类型

在Photoshop中可以创建多种类型的图层，它们有各自不同的功能和用途，在"图层"面板中的显示状态也各不相同**15**，本小节讲解图层的类型。

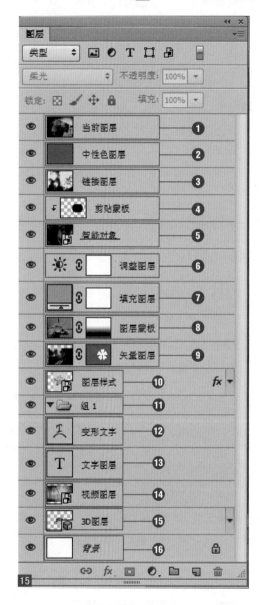

❶　当前图层：当前选择的图层。在对图像进行处理时，编辑操作将在当前图层中进行。

❷　中性色图层：填充了中性色的特殊图层，其包含了预设的混合模式，可用于承载滤镜或在上面绘画。

❸　链接图层：保持链接状态的多个图层。

❹　剪贴蒙版：蒙版的一种，可使用一个图层中的图像控制它下面多个图层内容的显示范围。

❺　智能对象：含有智能对象的图层。

❻　调整图层：可以调整图像的亮度、色彩平衡等，但不会改变图像的像素值，而且可以重复编辑。

❼　填充图层：通过填充纯色、渐变或图案创建的特殊效果图层。

❽　图层蒙版图层：添加了图层蒙版的图层，蒙版可以控制图层中图像的显示范围。

❾　矢量蒙版图层：带有矢量形状的蒙版图层。

❿　图层样式：添加了图层样式的图层，通过图层样式可以快速创建特效，如投影、发光、斜面和浮雕等。

⓫　图层组：用来组织和管理图层，以便查找和编辑图层，类似于Windows的文件夹。

⓬　变形文字图层：进行了变形处理后的文字图层。

⓭　文字图层：使用文字工具输入文字时创建的图层。

⓮　视频图层：包含有视频文件帧的图层。

⓯　3D图层：包含有置入的3D文件的图层。3D可以是由Adobe Acrobat 3D Version8、3D Studio Max、Aslias、Maya和Google Earth等程序创建的文件。

⓰　背景图层：新建文档时创建的图层，它始终位于面板的最下面，名称为"背景"二字，且为斜体。

Section

4.2

● Level
◇◇◇
● Version
CS4、CS5、CS6、CC

新建图层和图层组

● 光盘路径
Chapter04\Media

Keyword ● 新建图层

　　在Photoshop的操作过程中，创建图层或图层组的方法多种多样，用户可以通过菜单命令、"图层"面板、快捷键等方法来创建图层或图层组，接下来讲解新建图层和图层组的具体操作方法。

1. 新建空白图层

　　方法一：新建或打开一个文档之后 **01**，执行"图层>新建>图层"命令，在弹出的"新建图层"对话框中设置好参数 **02**，单击"确定"按钮即可新建一个空白图层 **03**。

　　方法二：新建或打开一个文档之后 **04**，按下F7键，打开"图层"面板 **05**，单击"图层"面板底部的"创建新图层"按钮，即可在被选图层的上层创建一个空白图层 **06**。

2. 新建组

　　方法一：新建或打开一个文档之后，执行"图层>新建>组"命令，在弹出的"新建组"对话框中设置好参数，单击"确定"按钮即可新建一个组。

　　方法二：打开"图层"面板之后，单击面板底部的"创建新组"按钮 **07**，就会新建一个组 **08**。

> ❗ 提示：为组添加图层
>
> 在新建了组之后，可以为组添加图层，可以在组中新建空白图层，还可以将现有的图层拖入组中，使其成为组的子图层。

● 光盘路径

Chapter04\Media

Section 4.3 图层的基本编辑

● Level
◇◇◇

● Version
CS4、CS5、CS6、CC

Keyword ● 隐藏与显示图层

　　图层的编辑对于图像的显示效果来说非常重要，大多数图像效果需要在"图层"面板中完成，本节主要讲解图层的基本编辑内容，包括隐藏与显示图像、复制与删除图层。

4.3.1 隐藏与显示图层

　　单击"图层"面板前的眼睛图标👁，相应图层的图像就会被隐藏，再次单击眼睛图标，则会显示该图层的图像。利用图层图像可以隐藏不需要的图像，从而方便了操作，提高了工作效率。

　　打开一个图像文件 **01**，使其图像全部显示 **02**，单击"图层1"前面的眼睛图标 **03**，就会隐藏"图层1"图层的图像 **04**；如果要显示"图层1"图层的图像，再次单击眼睛图标即可。

4.3.2 复制与删除图层

1. 复制图层

　　选择"背景"图层，将其拖曳到"创建新图层"按钮 🗔 上 **05** 复制图层，得到"背景副本"图层 **06**，然后就可以在不破坏原始图层的基础上进行编辑了 **07** **08**。

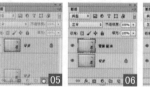

2. 删除图层

　　打开一个图像文件 **09**，在编辑图像的过程中如果有不需要的图层，可以选择图层，然后将图层拖动到"删除图层"按钮 🗑 上 **10**，这样就可以将选择的图层删除 **11** **12**。

● 光盘路径

Chapter04\Media

Section 4.4 图层的管理

● Level
◇◇◇

● Version
CS4、CS5、CS6、CC

Keyword ● 不透明度、填充、栅格化

有条理地管理图层对于编辑图像提供了很好的帮助，在学习图层的基本编辑之后，接下来讲解图层的管理，包括图层的不透明度、填充、栅格化图层等内容。

4.4.1 设置图层的不透明度

通过设置图层的不透明度或填充参数，可以将图像变得透明。随着不透明度数值的增大或减小，图像的透明程度也会随之产生变化，从而制作出若隐若现的图像效果。

关 键 词：不透明度、填充
适用对象：初学者、影楼设计师
适用版本：CS4、CS5、CS6、CC
实例功能：调整图像的透明效果

原始文件：Chapter04\Media\4-5-1.jpg...
最终文件：Chapter04\Complete\4-5-1.psd

01 执行"文件>打开"命令或按下快捷键Ctrl+O，打开"4-5-1.jpg"文件01，然后按照同样的方法打开"4-5-2.psd"文件02。

02 将"4-5-2.psd"文件中的"01"图层拖曳到"4-5-1.jpg"文件中进行复制03，并且利用自由变换命令等比例调整图像的大小04。

03 设置"01"图层的不透明度为50%、混合模式为"明度"05，并且为图像添加斜面和浮雕效果06，改变图像的效果07。

04 按照同样的方法将"02"图层复制到该文档中，为该图层添加斜面和浮雕、外发光效果08，然后设置其填充为0%09 10。

4.4.2　栅格化图层

如果要使用绘画工具和滤镜编辑文字图层、形状和图层、矢量蒙版或智能对象等包含矢量数据的图层，需要先将其栅格化，使图层中的内容转换为光栅图像，然后才能进行相应的编辑。选择需要栅格化的图层，执行"图层>栅格化"下拉菜单中的命令即可栅格化图层中的内容11。

❶文字：栅格化文字图层，使文字变为光栅图像。栅格化以后，文字内容不能再修改。

❷形状：可栅格化形状图层。

❸填充内容：可栅格化形状图层中的填充内容，但保留矢量蒙版。

❹矢量蒙版：可栅格化形状图层的矢量蒙版，并将其转换为图层蒙版。

❺智能对象：栅格化智能对象，使其转换为像素。

❻视频：栅格化视频图层。

❼3D：栅格化3D图层。

❽图层样式：栅格化图层的样式，使可以编辑的样式与图层内容合为一体，不能再进行编辑。

❾图层/所有图层：可栅格化当前选择的图层和栅格化包含矢量数据、智能对象和生成数据的所有图层。

● 光盘路径

Chapter04\Media

Section 4.5 应用图层样式

● Level
◇◇◇
● Version
CS4、CS5、CS6、CC

Keyword　● 图层样式

　　图层样式也叫图层效果，它是用于制作纹理和质感的重要功能，可以为图层中的图像内容添加投影、发光、浮雕、描边等效果，创建具有真实质感的水晶、高光、金属等特效。图层样式可以随时修改、隐藏或删除，具有非常强的灵活性。

4.5.1　添加图层样式

　　如果要为图层添加图层样式，首先选择一个图层，然后用下面任意一种方法打开"图层样式"对话框，选择相应的选项并设置参数，之后单击"确定"按钮即可为图像添加样式了。

　　方法一：执行"图层>图层样式"命令**01**，在弹出的下拉菜单中任意选择一个命令，可以打开"图层样式"对话框，并进入到相应效果的设置中**02**。

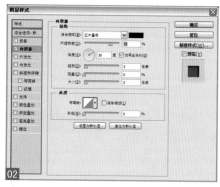

　　方法二：单击"图层"面板下方的"添加图层样式"按钮**fx**，在打开的下拉菜单中选择相应的命令**03**，即可打开"图层样式"对话框并进入到相应效果的设置中**04**。

> **? 问答**："背景"图层能使用图层样式吗？
>
> 图层样式不能用于"背景"图层和图层组，但可以按住Alt键双击"背景"图层，将它转换为普通图层，然后为其添加效果。

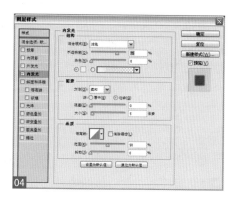

　　方法三：双击要添加图层样式的图层，可以打开"图层样式"对话框**05**，然后在对话框的左侧选择相应的效果选项，即可进入到参数设置中**06**。

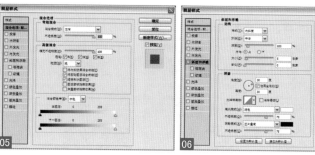

4.5.2　应用混合选项抠图

本例讲解利用"图层样式"对话框中的"混合颜色带"选项将闪电图像抠出之后将其与人物图像合并，制作一幅具有创意的插画效果图。

关 键 词：混合颜色带

适用对象：设计师

适用版本：CS5、CS6、CC

实例功能：抠出细小而复杂的图像

原始文件：Chapter04\Media\4-6-2.jpg...

最终文件：Chapter04\Complete\4-6-1.psd

01 按下快捷键Ctrl+O，打开"4-6-2.jpg" **07**、"4-6-3.jpg" **08** 文件，接下来把闪电图像合成到人物图像中。

02 切换到闪电图像中，按下Alt键并双击"背景"图层 **09**，将其转换为普通图层 **10**。

03 双击"图层0"图层，弹出"图层样式"对话框，按住Alt键拖动"混合颜色带"选项中的"本图层"左边的黑色滑块值为209 **11**，单击"确定"按钮，这样就可以将闪电图像抠出来 **12**。

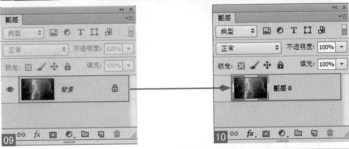

04 利用移动工具将该图像移动到另一个文档中进行复制 **13**，并且按下快捷键Ctrl+T自由变换，然后按住Shift键等比例调整图像的大小 **14**，将"背景"图层进行复制 **15**。

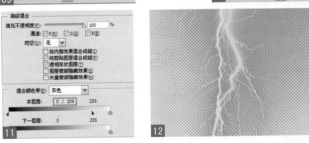

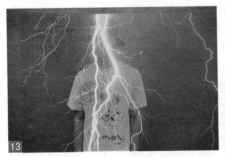

05 利用快速选择工具 ✐ 将人物作为选区，按下快捷键Shift+F7将选区反选 **16**，然后选择"图层1"图层，单击"添加图层蒙版"按钮 **◙** 为该图层添加图层蒙版，使部分图像隐藏 **17** **18**。

06 再次利用快速选择工具将"背景 副本"图层中的人物作为选区 **19**，执行"滤镜>艺术效果>木刻"命令，设置相关参数后，单击"确定"按钮，使图像表现出动画的效果，并取消选区 **20**。

07 设置前景色为R:61、G:150、B:34，执行"滤镜>扭曲>扩散亮光"命令，在弹出的"扩散亮光"对话框中设置相关参数 **21**，单击"确定"按钮，并且设置该图层的不透明度为75% **22**。

08 选择"图层1"图层，设置混合模式为"颜色加深" **23**，使背景的色彩更加鲜艳 **24**。

> ❗ 提示：图层不透明度与填充不透明度的区别
>
> 设置图层不透明度：设置当前图层的不透明度，使其呈现透明状态，从而显示出下面图层中的图像内容。
> 设置填充不透明度：设置当前图层的填充不透明度，它与图层不透明度相似，但不会影响图层效果。

09 单击横排文字工具，在选项栏中设置相关参数之后输入文字，将文字旋转90° **25**，为其添加斜面和浮雕样式，并且设置该图层的填充值为0% **26** **27**。

第 5 章

图层的高级操作

在学习了图层的基础操作之后，我们将讲解图层的高级操作，使用户对图层的认识更加深刻。本章主要学习图层的混合模式、填充图层以及调整图层等知识。

● 光盘路径

Chapter05\Media

Section

5.1

混合模式

● Level
◇◇◇

● Version
CS3、CS4、CS5、CS6

Keyword　● 混合模式

图层的混合模式可以将两个图层的色彩值紧密地结合在一起，从而创造出大量的效果。混合模式在Photoshop中的应用非常广泛，大多数绘画工具或编辑调整工具都可以使用混合模式，所以正确、灵活地使用各种混合模式可以为图像效果锦上添花。

　　混合模式是Photoshop的核心功能之一，它决定了像素的混合方式，可用于合成图像、制作选区和特殊效果，但不会对图像造成任何实质性的破坏。

　　Photoshop中的许多工具和命令都包含混合模式设置选项，如"图层"面板、绘画和修饰工具的选项栏、"图层样式"对话框、"填充"命令、"描边"命令、"计算"和"应用图像"命令等。如此多的功能都与混合模式有关，可见混合模式的重要。

　　图层的混合模式01确定了其像素如何与图像中的下层像素进行混合，使用混合模式可以创建各种特殊效果 02 03。默认情况下，图层组的混合模式是"正常"，这表示组没有自己的混合属性。为组选取其他混合模式时，可有效地更改图像中各个组成部分的合成顺序。

　　在"图层"面板中选择一个图层或组，然后选取混合模式的方法为：在"图层"面板中从"混合模式"下拉列表中选取一个选项，或执行"图层>图层样式>混合选项"命令，然后从"混合选项"中选取一个选项。

> ⚠ 提示:利用数字键修改不透明度
>
> 在使用除画笔、图章、橡皮擦等绘画和修饰之外的其他工具时，按下键盘中的数字键可快速修改图层的不透明度。例如，按下"5"，不透明度会变为50%；按下"55"，不透明度会变为55%；按下"0"，不透明度会恢复为100%。

1 正常
2 溶解

3 变暗
4 正片叠底
5 颜色加深
6 线性加深
7 深色

8 变亮
9 滤色
10 颜色减淡
11 线性减淡（添加）
12 浅色

13 叠加
14 柔光
15 强光
16 亮光
17 线性光
18 点光
19 实色混合

20 差值
21 排除
22 减去
23 划分

24 色相
25 饱和度
26 颜色
27 明度

01

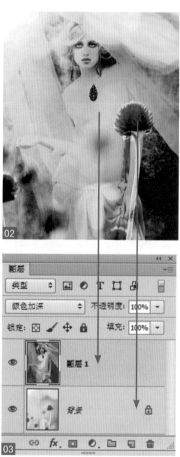

02

03

❶正常：编辑或绘制每个像素，使其成为结果色，这是默认模式04。

❷溶解：编辑或绘制每个像素，使其成为结果色。但是，根据任何像素位置的不透明度，结果色由基色或混合色的像素随机替换05。

❸变暗：查看每个通道中的颜色信息，并选择基色或混合色中较暗的颜色作为结果色，将替换比混合色亮的像素，比混合色暗的像素保持不变06。

❹正片叠底：查看每个通道中的颜色信息，并将基色与混合色进行正片叠底，结果色总是较暗的颜色。任何颜色与黑色正片叠底产生黑色，任何颜色与白色正片叠底保持不变07。

❺颜色加深：查看每个通道中的颜色信息，并通过增加对比度使基色变暗以反映混合色。与白色混合后不产生变化08。

❻线性加深：查看每个通道中的颜色信息，并通过减小亮度使基色变暗以反映混合色。与白色混合后不产生变化09。

❼深色：比较混合色和基色的所有通道值的总和并显示值较小的颜色。"深色"不会生成第3种颜色，因为它将从基色和混合色中选取最小的通道值来创建结果色10。

❽变亮：查看每个通道中的颜色信息，并选择基色或混合色中较亮的颜色作为结果色。比混合色暗的像素被替换，比混合色亮的像素保持不变11。

❾滤色：查看每个通道的颜色信息，并将混合色的互补色与基色进行正片叠底，结果色总是较亮的颜色。用黑色过滤时颜色保持不变，用白色过滤将产生白色，此效果类似于多个摄影幻灯片在彼此之上投影12。

❿颜色减淡：查看每个通道中的颜色信息，并通过减小对比度使基色变亮以反映混合色。与黑色混合不发生变化13。

⓫线性减淡（添加）：与"线性加深"模式的效果相反，通过增加亮度来减淡颜色，亮化效果比"滤色"和"颜色减淡"模式都强烈14。

⓬浅色：比较混合色和基色的所有通道值的总和并显示值较大的颜色。"浅色"不会生成第3种颜色，因为它将从基色和混合色中选取最大的通道值来创建结果色15。

❸叠加：对颜色进行正片叠底或过滤，具体取决于基色。图案或颜色在现有像素上叠加，同时保留基色的明暗对比。不替换基色，但基色与混合色相混以反映原色的亮度或暗度❶❻。

❹柔光：使颜色变暗或变亮，具体取决于混合色。此效果与发散的聚光灯照在图像上相似。如果混合色（光源）比50%灰色亮，则图像变亮，就像被减淡了一样；如果混合色（光源）比50%灰色暗，则图像变暗，就像被加深了一样。使用纯黑或纯白色绘画会产生明显变暗或变亮的区域，但不会出现纯黑或纯白色❶❼。

❺强光：对颜色进行正片叠底或过滤，具体取决于混合色。此效果与耀眼的聚光灯照在图像上相似。如果混合色（光源）比50%灰色亮，则图像变亮，就像过滤后的效果，这对于向图像添加高光非常有用；如果混合色（光源）比50%灰色暗，则图像变暗，就像正片叠底后的效果，这对于向图像添加阴影非常有用。使用纯黑或纯白色绘画会出现纯黑或纯白色❶❽。

❻亮光：通过增加或减小对比度来加深或减淡颜色，具体取决于混合色。如果混合色（光源）比50%灰色亮，则通过减小对比度使图像变亮；如果混合色比50%灰色暗，则通过增加对比度使图像变暗❶❾。

❼线性光：通过减小或增加亮度来加深或减淡颜色，具体取决于混合色。如果混合色比50%灰色亮，则通过增加亮度使图像变亮；如果混合色比50%灰色暗，则通过减小亮度使图像变暗❷❶。

❽点光：根据混合色替换颜色。如果混合色（光源）比50%灰色亮，则替换比混合色暗的像素，而不改变比混合色亮的像素；如果混合色比50%灰色暗，则替换比混合色亮的像素，比混合色暗的像素保持不变，这对于向图像添加特殊效果非常有用❷❶。

⓳实色混合：如果当前图层中的像素比50%灰色亮，会使底层图像变亮；如果当前图层中的像素比50%灰色暗，则会使底层图像变暗。该模式通常会使图像产生色调分离效果22。

⓴差值：查看每个通道中的颜色信息，并从基色中减去混合色，或从混合色中减去基色，具体取决于哪一个颜色的亮度值更大。与白色混合将反转基色值，与黑色混合则不产生变化23。

㉑排除：用基色的明亮度和饱和度以及混合色的色相创建结果色24。

㉒减去：可以从目标通道中相应的像素上减去源通道中的像素值25。

㉓划分：查看每个通道中的颜色信息，从基色中划分混合色26。

㉔色相：将当前图层的色相应用到底层图像的亮度和饱和度中，可以改变底层图像的色相，但不会影响其亮度和饱和度，对于黑色、白色、灰色区域，该模式不起作用27。

㉕饱和度：用基色的明亮度和色相以及混合色的饱和度创建结果色。在灰色的区域上使用此模式绘画不会发生任何变化28。

㉖颜色：用基色的明亮度以及混合色的色相和饱和度创建结果色，可以保留图像中的灰阶，并且对于给单色图像上色和给彩色图像着色都会非常有用29。

㉗明度：将当前图层的亮度应用于底层图像的颜色中，可以改变底层图像的亮度，但不会对其色相和饱和度产生影响30。

填充图层

● 光盘路径

Chapter05\Media

● Level
◇◇◇
● Version
CS3、CS4、CS5、CS6

Keyword　● 纯色填充、渐变填充、图案填充

应用填充是指向图层中填充纯色、渐变和图案所创建的特殊图层，用户可以为它设置不同的混合模式和不透明度，从而修改其他图像的颜色或者生成各种图像效果。

5.2.1　用纯色填充图层制作磨损照片

本例主要讲解了将一张普通的照片制作成为具有怀旧感的破损老照片，在制作过程中主要应用了填充图层命令为图像制作出特殊的效果，接下来学习具体操作过程。

关 键 词：用纯色填充图层

适用对象：设计师、网站设计人员

适用版本：CS5、CS6、CC

实例功能：利用调整图层将图像制作成用纯色填允的效果

原始文件：Chapter05\Media\5-2-1.jpg...

最终文件：Chapter05\Complete\5-2-1.jpg

01 执行"文件>打开"命令或按下快捷键Ctrl+O，打开"5-2-1.jpg"文件 **01** **02**。

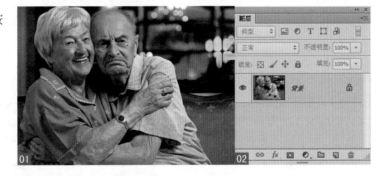

02 执行"图像>调整>去色"命令，去除图像的色彩，使其变为灰度图像效果 **03** **04**。

> ❗ 提示：使用纯色填充图层的优势
>
> 如果新建一个图层，为其填充颜色并设置混合模式也可以达到实例中的最终图像效果，但是选择该命令可以更加方便地编辑图像的色彩。

03 执行"滤镜>镜头校正"命令，弹出"镜头校正"对话框，单击"自定"选项卡，设置"晕影"参数 ，使画面的四周变暗 。

04 执行"滤镜>杂色>添加杂色"命令，在弹出的"添加杂色"对话框中设置数量为4，并且设置其他相关参数，然后单击"确定"按钮 **07**，在图像中加入杂色，这一步操作是为了表现出照片的磨损感与质变效果 **08**。

> **?** 问答：为什么在此处执行"添加杂色"命令？
>
> 该命令可以在图像中加入杂色，这一步操作是为了表现出照片的磨损感与质变效果。

05 执行"图层>新建填充图层>纯色"命令，弹出"拾色器（纯色）"对话框，设置前景色为R:226、G:156、B:11，单击"确定"按钮，创建填充图层 **09**，并将填充图层的混合模式设置为"柔光"，使图像变为暗黄色 **10**。

06 打开"5-2-2.jpg"文件，使用移动工具将该图像拖入人物文件中，调整图像的大小之后，设置混合模式为"柔光" **11**、不透明度为35%，使它叠加在照片上，生成划痕效果 **12**。

07 为"5-2-2"图层添加图层蒙版，然后选择画笔工具，设置画笔工具的参数 **13**，在图像中绘制黑色的区域，隐藏人物脸部的划痕 **14**。

5.2.2　用渐变色填充图层制作蔚蓝色天空

　　本例主要介绍为一张图片更换天空背景的方法，主要用到了渐变填充命令，改变选区的填充色且不影响原始图像，案例最后还介绍了"镜头光晕"效果的运用，为图像添加了真实的光照效果。

关 键 词：用渐变色填充图层
适用对象：设计师、网站设计人员
适用版本：CS5、CS6、CC
实例功能：利用调整图层将图像制作成用渐变色填充的效果

原始文件：Chapter05\Media\5-2-3.jpg
最终文件：Chapter05\Complete\5-2-2.psd

01 执行"文件>打开"命令或按下快捷键Ctrl+O，打开"5-2-3.jpg"文件**15**，并使用快速选择工具**[图]**选中天空**16**。

02 执行"图层>新建填充图层>渐变"命令，弹出"渐变填充"对话框。单击"渐变"选项的渐变色条，打开"渐变编辑器"调整渐变颜色，设置参数**17**，然后单击"确定"按钮返回到"渐变填充"对话框**18**，单击"确定"按钮创建渐变填充图层**19**，选区会转换到填充图层的蒙版**20**。

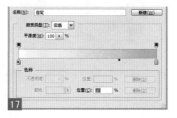

> **⚠ 提示：填充图层中的选区**
>
> 在创建填充图层时，如果设有选区，选区会转换到填充图层的蒙版中，使填充图层值影响选区中的图像。

03 单击"图层"面板底部的"创建新图层"按钮**[图]**，新建一个图层。然后选择一个柔角的画笔笔触**[图]**（大小为300像素），将前景色设置为白色，在画面右上角绘制白色区域**21**，并设置该图层的混合模式为"柔光"**22**。

04 按住Alt键，将调整图层的蒙版拖动到"图层1"上，为它复制相同的蒙版 23，使绘制的白色区域不会影响到人物图像 24。

> ❗ 提示：制作相同图层蒙版的其他方法
> 为图层添加图层蒙版之后，按住Ctrl键单击填充图层蒙版的缩略图，设定选区并将其反选，然后切换到"图层1"图层，按Alt键单击蒙版缩略图，将选区填充为黑色，再取消选区。

05 按住Alt键单击"图层"面板底部的"创建新图层"按钮 ，弹出"新建图层"对话框，在"模式"下拉列表中选择"滤色"，并选择"填充屏幕中性色"复选框 25，创建一个中性色图层 26。

06 执行"滤镜>渲染>镜头光晕"命令，弹出"镜头光晕"对话框，在缩览图的右上角单击，定位光晕中心，并设置其他参数 27，滤镜会添加在所创建的中性色图层上，且不会破坏其他图像内容 28。

 5.2.3 用图案填充图层为衣服添加图案

　　本例主要讲解了为人物服装添加图案的操作过程，其中的一个关键步骤是将合适的图案变为自定义图案，然后用该图案填充选区，并设置其混合模式，从而表现出真实的布纹图案效果。

关 键 词：用图案填充图层
适用对象：服装设计师、淘宝网站设计人员
适用版本：CS5、CS6、CC
实例功能：利用图案将图像制作成具有暗纹效果的填充效果

原始文件：Chapter05\Media\5-2-4.jpg...
最终文件：Chapter05\Complete\5-2-3.psd

01 执行"文件>打开"命令或按下快捷键Ctrl+O，打开"5-2-4.jpg"文件和"5-2-5.jpg"文件。

02 切换到"5-2-5.jpg"文件中，执行"编辑>定义图案"命令，在弹出的"定义图案"对话框中设置图案名称为"布条"，然后单击"确定"按钮。

03 按下快捷键Alt+Tab，切换到"5-2-4.jpg"文件中，选择钢笔工具 ✐，绘制出人物服装路径，然后按下快捷键Ctrl+Enter将路径转换为选区载入。

04 执行"图层>新建填充图层>图案"命令，在弹出的"新建图层"对话框中设置模式为"颜色加深"、不透明度为70%，然后单击"确定"按钮，弹出"图案填充"对话框，设置图案的缩放值为13%，单击"确定"按钮，就会将图案添加到服装选区，并且同时会新建一个调整图层，以便于参数的重新设置。

> ⓘ 提示：后续更改图案效果的方法
>
> 在"新建图层"对话框中设置了图案的混合模式和不透明度后，如果想更改，可以在"图层"面板中设置。

Section

5.3

● Level
◇◇◇
● Version
CS3、CS4、CS5、CS6

智能对象

Keyword ● 智能对象

● 光盘路径
Chapter05\Media

智能对象是嵌入到当前文档中的文件，它可以包含图像，也可以包含在Illustrator中创建的矢量图。智能对象与普通图层最重要的区别在于可以保留对象的源内容和所有的原始特征，用户在Photoshop中处理它时，不会直接应用到对象的原始数据，这是一种非破坏性的编辑功能。

5.3.1 智能对象有什么优势

对于智能对象可以进行非破坏变换，例如可以根据需要按任意比例缩放对象、旋转对象、进行变形等，不会丢失原始图像数据或者降低图像的品质。

智能对象可以保留Photoshop本地方式处理的数据，例如在嵌入Illustrator中的矢量图时Photoshop会自动将它转换为可识别的内容。

用户可以为智能对象创建多个副本，对原始内容进行编辑后，所有与之链接的副本都会自动更新。

将多个图层内容创建为一个智能对象以后，可以简化"图层"面板中的图层结构。

应用于智能对象的所有滤镜都是智能滤镜，智能滤镜可以随时修改参数或者撤销，并且不会对图像造成任何破坏。

◆◆ 知识扩展

非破坏编辑是指在不破坏图像原始数据的基础上对其进行的编辑。在Photoshop中，使用调整图层、填充图层、中性色图层、图层蒙版、矢量蒙版、剪贴蒙版、智能对象、智能滤镜、混合模式和图层样式等编辑图像都属于非破坏性的编辑，这些操作方式有一个共同的特点，就是能够修改或者撤销，可以随时将图像恢复为原来的状态。

5.3.2 将智能对象转换到图层

打开一个图像01，选择要转换为普通图层的智能对象02，执行"图层>智能对象>栅格化"命令，可以将智能对象转换为普通图层，原图层缩览图上的智能对象图标会消失03；或单击"图层"面板右上角的 按钮，在弹出的下拉菜单中选择"栅格化图层"命令。

第 6 章

调整与管理图像

本章主要讲解 Photoshop CC 中的一些图像的基本编辑与调整，在讲解过程中，将理论与实践相结合，主要包括图像的尺寸与分辨率的关系，以及裁剪图像和变换图像的具体应用，这样就会使读者一目了然，能够更轻松地学习相关知识。

● 光盘路径

Chapter06\Media

Section 6.1 调整图像尺寸和分辨率

● Level
◇◇◇

● Version
CS3、CS4、CS5、CS6

Keyword ● 像素、分辨率、图像尺寸

在Photoshop中编辑图像时，用户经常将图像作为手机、显示器的屏幕或制作其他个性化的图像效果，然而，图像的尺寸或分辨率不一定符合上述用途，这就需要调整图像的尺寸或分辨率，本节主要讲解图像尺寸和分辨率的关系以及概念等知识。

6.1.1 像素与分辨率有什么关系

1. 什么是像素

像素是组成位图图像最基本的元素。每一个像素都有自己的位置，并记载着图像的颜色信息，一个图像包含的像素越多，颜色信息就越丰富，图像效果也会更好，但文件也会随之增大。

2. 什么是分辨率

分辨率是指单位长度内包含的像素点的数量，它的单位通常为像素/英寸（ppi），如72ppi表示每英寸包含72个像素点。分辨率决定了位图细节的精细程度，由于屏幕上的点、线和面都是由像素组成的，显示器可显示的像素越多，画面就越精细，同样的屏幕区域内能显示的信息也就越多，所以分辨率是非常重要的性能指标之一。

3. 像素和分辨率的关系

像素和分辨率是两个密不可分的重要概念，它们的组合方式决定了图像的数据量。例如，同样是1英寸×1英寸的两个图像，分辨率为72ppi的图像包含5 184个像素，而分辨率为300ppi的图像包含高达90 000个像素。在打印时，高分辨率的图像要比低分辨率的图像包含更多的像素，因此，像素点更小，像素的密度更高，所以可以重现更多细节和更细微的颜色过渡效果。

虽然分辨率越高图像的质量越好，但也会增加占用的存储空间，只有根据图像的用途设置合适的分辨率才能取得最佳的使用效果。这里介绍一个比较通用的分辨率设定规范。如果图像用于屏幕显示或者网络，可以将分辨率设置为72像素/英寸（ppi），这样可以减小文件的大小，提高传输和下载速度；如果图像用于喷墨打印机打印，可以将分辨率设置为100～150像素/英寸（ppi）；如果用于印刷，则应设置为300像素/英寸（ppi）。

图像分辨率的计算方法是以其在长度方向上的像素数/长度的尺寸数（英寸），或以其在宽度方向的像素数/宽度的尺寸数（英寸）。例如，图像的像素是1 027×633，其尺寸大小是6.847英寸（长）、4.22英寸（宽）01；该图片的分辨率就是1 027÷6.847＝150（像素/英寸），或633÷4.22＝150（像素/英寸）。像素值大，只能说明该图片的幅面大，并不能说明其清晰程度，清晰程度如何，要看其分辨率的大小。

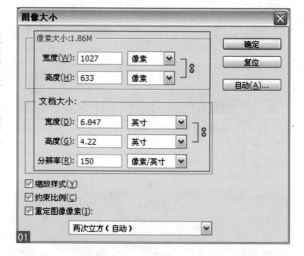

6.1.2　调整图像的尺寸和分辨率

使用"图像大小"命令可以调整图像的大小、打印尺寸和分辨率。修改像素大小不仅会影响图像在屏幕上的视觉大小，还会影响图像的质量及其打印特性，同时也决定了其占用的存储空间，接下来讲解调整图像尺寸的具体操作方法。

01 按下快捷键Ctrl+O，打开一个文件 **02**，然后执行"图像>图像大小"命令，或将图像的标题栏拖曳到其他位置使其变为悬浮状态，单击鼠标右键，在弹出的快捷菜单中选择"图像大小"命令 **03**，可以弹出"图像大小"对话框。

02 先来看一下"像素大小"选项组 **04**，它显示了图像当前的像素尺寸，当修改其参数后，新文件的大小会出现在对话框的顶部，旧文件的大小在括号内显示 **05**。

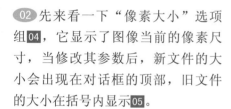

03 "文档大小"选项组用来设置图像的打印尺寸和分辨率，用户可以通过两种方法来操作。第一种是选择"重定图像像素"复选框，然后修改图像的宽度或高度，这可以改变图像中的像素数量。在减小图像的大小时，就会减少像素数量 **06**，此时图像虽然变小了，但画面的质量不变 **07**；在增加图像的大小或提高分辨率时 **08**，则会增加新的像素，这时图像的尺寸虽然变大了，但画面的质量会下降 **09**。

? 问答：增加分辨率能让小图像变清晰吗？

如果一个图像的分辨率较低且模糊，增加它的分辨率不会使它变得清晰，这是因为Photoshop只能在原始数据的基础上进行调整，无法生成新的原始数据。

04 接下来学习第二种方法的具体操作。取消选择"重定图像像素"复选框，再来修改图像的宽度或高度，这时图像的像素总量不会变化，也就是说，减少宽度和高度时 **10** **11**，会自动增加分辨率；而增加高度和宽度会减少分辨率 **12** **13**，图像的视觉大小不会有任何变化，画面的质量也不会发生变化。

14 为"图像大小"对话框。

① 缩放样式：如果文档中的图层添加了图层样式，选择该复选框以后，可以在调整图像的大小时自动缩放样式效果。只有选择了"约束比例"复选框，才能使用该复选框。

② 约束比例：修改图像的宽度或高度时，可保持宽度和高度的比例不变。

③ 自动：单击该按钮会弹出"自动分辨率"对话框，输入挂网的线数，Photoshop可以根据输出设备的网频确定建议使用的图像分辨率。

④ 差值方法：修改图像的像素大小在Photoshop中称为"重新取样"。当减少像素的数量时，会从图像中删除一些信息；当增加像素的数量或增加像素取样时，则会添加新的像素。在"图像大小"对话框最下面的列表中可以选择一种差值方法来确定添加或删除像素的方式，包括"邻近""两次线性"等，默认为"两次立方"。

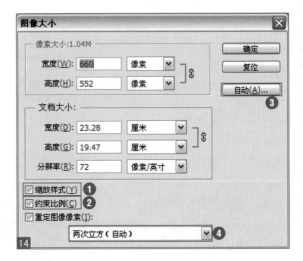

（）知识链接

本小节讲解了调整图像大小的方法以及其对话框，图像大小和画布大小密切相关，具体的"画布大小"内容的讲解参阅3.3节。

？ 问答：图像大小和画布大小有什么区别？

图像大小就是图像的尺寸大小和像素大小，改变分辨率的大小，画布会随之改变大小。修改图像大小是直接把图像尺寸在原有的基础上再放大或缩小一些。
画布大小就是图像的尺寸大小，与分辨率没有关系（不管怎么改变画布，分辨率既不会增加，也不会减少，但画布会增加或者减小）。画布大小就是建立空白文件的尺寸，修改画布大小会把图像多出的部分直接裁掉。

Section

6.2

● Level
◇◇◇
● Version
CS3、CS4、CS5、CS6

裁剪图像

● 光盘路径
Chapter06\Media

Keyword　● 透视裁剪工具

　　当在Photoshop中对图像进行编辑时，用户有时候会觉得图像的尺寸比例不合适，或者出现了歪斜等情况，这时，最得力的工具就是裁剪工具组中的工具了，本节将讲解如何利用不同的裁剪工具制作形式各异的图像。

　　利用裁剪工具可以删除图像中不需要的部分，以便其他操作的进行。本例就是先利用裁剪工具将图像进行剪裁，然后对其应用滤镜，最终制作出水彩图像的效果。

关 键 词：裁剪工具
适用对象：平面设计人员、影楼后期处理人员
适用版本：CS5、CS6、CC
实例功能：利用裁剪工具将多余图像删除

原始文件：Chapter06\Media\6-2-1.jpg
最终文件：Chapter06\Complete\6-2-1.jpg

01 执行"文件>打开"命令，打开"6-2-1.jpg"文件**01**，在工具箱中选择裁剪工具**ᵗ⁴**，此时会在图像的边缘出现一个定界框**02**。

02 利用裁剪工具在页面中进行拖曳，重新制定一个裁剪区域**03**，灰色区域为要删除的区域，然后按Enter键确认操作，即可将不需要的图像删除**04**。

03 执行"滤镜>渲染>镜头光晕"命令，设置好参数**05**，然后单击"确定"按钮，为图像添加光照**06**，使这幅清晨画面看起来更加有朝气。

● 光盘路径

Chapter06\Media

Section 6.3 自由变换图像

Keyword ● 自由变换

● Level ◇◇◇

● Version
CS3、CS4、CS5、CS6

　　图像的自由变换操作是用户编辑图像时经常使用的操作方法之一，本节主要讲解如何利用自由变换命令对图像进行各种不同的变换，主要包括图像的斜切、扭曲、透视、变形等。

6.3.1 斜切、扭曲和透视图像

1.斜切图像

　　打开一个文件，按下快捷键Ctrl+T显示图像的定界框，然后将光标放在定界框外侧位于中间位置的控制点上，按住快捷键Shift+Ctrl，光标会变为 状，单击并拖动鼠标可以沿水平方向斜切对象 01；将光标放在定界框四周的控制点上，光标会变为 状，单击并拖动鼠标可以沿垂直方向斜切对象 02。

01

02

2.扭曲图像

　　按下Esc键取消操作，接下来进行图像的扭曲练习。按下快捷键Ctrl+T显示定界框，将光标放在定界框四周的控制点上，按住Ctrl键，光标变为 状，单击并拖动鼠标可以扭曲对象 03 04。

> ！提示：对图像进行变换的其他方法
>
> 按下快捷键Ctrl+T显示图像的定界框，然后单击鼠标右键，在弹出的快捷菜单中选择相应的命令，或执行"编辑>变换"下拉菜单中的相关命令完成同样的操作。

03

04

3.透视图像

　　按下Esc键取消操作，接下来进行图像的透视练习。按下快捷键Ctrl+T显示定界框，将光标放在定界框四周的控制点上，然后按住快捷键Ctrl+Shift+Alt，光标变为 状，单击并拖动鼠标可以进行图像的透视变换 05 06，操作完成后可以按Enter键确认操作。

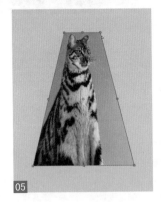
05

06

6.3.2　重复上次变形

当对某个图像执行了自由变换命令或"变换"下拉菜单中的某个命令时，如果想继续对其执行上一次的操作，只需执行"编辑>变换>再次"命令，或按下快捷键Ctrl+Shift+T；如果要还原上一次的操作，可执行"编辑>还原"命令，或按下快捷键Ctrl+Z。

例如打开一个图像文件**07**，执行"编辑>变换>扭曲"命令，调整图像节点**08**，然后执行"编辑>变换>再次"命令，可对其再次进行扭曲操作，并且扭曲程度与上一次相同**09**。

6.3.3　操控变形图像

应用操控变形功能以后，在图像上添加关键节点，就可以对任何图像元素进行变形。例如，可以轻松地将女孩的腿部弯曲。

关 键 词："操控变形"命令
适用对象：插画师、动画制作人员
适用版本：CS5、CS6、CC
实例功能：利用"操控变形"命令调整图像的形态

原始文件：Chapter06\Media\6-4-5.jpg
最终文件：Chapter06\Complete\6-4-2.psd

---

01 按下快捷键Ctrl+O，打开"6-4-5.jpg"文件**10**，选择魔棒工具，在图像中的白色和蓝色背景处单击鼠标，将其设定为选区，然后按下快捷键Shift+F7，将选区进行反选，使人物图像被设置为选区**11**。

02 按下快捷键Ctrl+C复制选区内的图像，再按下快捷键Ctrl+V，将其粘贴，得到"图层1"图层。并将"背景"图层中的人物作为选区，填充为白色，这样就可以将选区内的图像单独放到一个图层中，以便于编辑。

03 执行"编辑>操控变形"命令，图像中会出现网格，此时，光标变为 ✛ 形状，用它来定义关节。

> ❗ 提示：巧妙地调整图像形状
>
> 当对图像执行了"操控变形"命令后，如果在选中某个关节点时按下Alt键，就能看到一个旋转的变换圈，用鼠标进行旋转就可以改变关节弯曲的角度。

04 在人物的左腿部位的任意处单击，会出现一个小圆圈，说明正在对此图层进行操控变形，在左腿的其他部位继续单击，会出现不同的小圆圈。

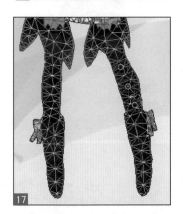

05 确定好关节点之后，拖动小圆圈，就可以变换图像。按照同样的方法，将人物右腿和其他部分调整为其他形状，完成后单击选项栏中的 ✓ 按钮确认操作。

第 7 章

创建选区

当要对图像的某一特定部分进行编辑时，必须将其设定为选区才能编辑。本章主要讲解 Photoshop 中另外一个强大的功能——创建选区，用户可以利用软件中的不同工具和相关命令创建规则和不规则的选区，也可以将多种工具结合起来使用，以便抠出复杂、细小的图像。

Section 7.1 利用工具创建几何选区

● Level
◇◇◇

● Version
CS4、CS5、CS6、CC

Keyword ● 矩形选框工具、单行 / 单列选框工具

当我们打开Photoshop后，最常用的便是选择工具了，利用举行选框工具、椭圆形选框工具以及单行/单列选框工具可以创建几何选区，这是最快捷的创建选区的基本方法。下面我们来学习利用工具创建几何选区并对其进行编辑的具体操作方法。

矩形选框工具是我们经常用到的选取工具，利用该工具可以框选出规则的矩形或正方形选区。在该案例中，我们将利用该工具选取图像，制作成相框效果，具体操作步骤如下。

关 键 词: 矩形选框工具

适用对象: 广告设计师、插画师

适用版本: CS4、CS5、CS6、CC

实例功能: 利用矩形选框工具选取图像，并且为图像添加图层样式效果

原始文件: Chapter07\Media\7-1-1.jpg
最终文件: Chapter07\Complete\7-1-1.psd

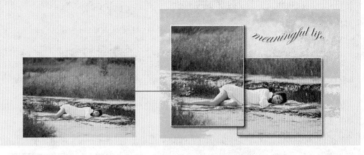

01 执行"文件>打开"命令，打开"7-1-1. jpg"文件**01**，然后在工具箱中选择矩形选框工具▦，在图像窗口中拖曳出一个矩形选区**02**。

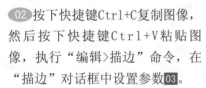

02 按下快捷键Ctrl+C复制图像，然后按下快捷键Ctrl+V粘贴图像，执行"编辑>描边"命令，在"描边"对话框中设置参数**03**。

03 双击"图层"面板中的该图层，在弹出的"图层样式"对话框中设置"投影"和"斜面和浮雕"选项的参数**04** **05**，然后单击"确定"按钮**06**，再按照同样的方法制作另一个凸起的图像效果**07**。

04 执行"图层>新建调整图层>照片滤镜"命令，在弹出的"新建图层"对话框中设置参数，单击"确定"按钮，然后在"属性"面板中设置相关参数并单击面板下层的 按钮08，则会只影响下方图层，将该图层进行复制，并且移至最上层09 10。

05 选择"背景"图层，设置前景色为R:180、G:243、B:46，执行"图层>新建调整图层>渐变映射"命令，在"属性"面板中设置相关参数11，使调整图层影响"背景"图层的显示效果，然后在图像的右上角制作艺术字12。

13是矩形选框工具的选项栏。

❶羽化：该选项用来设置羽化值，以柔和表现选区的边框，羽化值越大选区边角越圆；14的矩形选区设置的羽化值为0像素，15的矩形选区的羽化值为50像素。

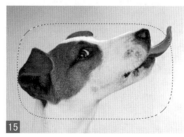

? 问答：为什么羽化时会弹出一个警告框？

如果选区较小且羽化半径设置得较大，就会弹出一个羽化警告框，单击"确定"按钮，表示确认当前设置的羽化半径。

❷样式：在该下拉列表中包含3个选项，分别为正常、固定比例和固定大小。

●正常：随鼠标的拖动轨迹指定椭圆选区。

●固定比例：指定宽高比例一定的矩形选区。例如将宽度和高度值分别设置为3和1，然后拖动鼠标即可制作出宽高比为3：1的椭圆选区。

●固定大小：输入宽度和高度值后，拖动鼠标可以绘制指定大小的选区。例如，将宽和高值均设置为50像素以后，拖动鼠标可以制作出宽和高均为50像素的矩形选区。

❸调整边缘：单击该按钮，会弹出"调整边缘"对话框，可以对选区进行平滑、羽化等处理。

Section 7.2

利用工具创建不规则选区

● Level
◇◇◇
● Version
CS4、CS5、CS6、CC

Keyword ● 套索工具、多边形套索工具

利用Photoshop中的工具不仅可以创建规则的选区，还可以创建不规则的选区，相关工具有套索工具、多边形套索工具以及磁性套索工具。在创建选区时，每个工具有各自的特点，下面通过实例逐一学习其操作方法。

7.2.1　利用套索工具创建不规则选区

套索工具是经常用到的选取工具之一，特别之处在于它的随意性，当用户选择该工具后，就可以在图像窗口中绘制出任意形状的选区。本例将利用该工具选取图像中的图像，制作朦胧的幻影效果。

关　键　词：套索工具
适用对象：平面设计师、插画师
适用版本：CS4、CS5、CS6、CC
实例功能：利用套索工具绘制出任意形状的选区，然后利用滤镜命令添加效果

原始文件：Chapter07\Media\7-2-1.jpg
最终文件：Chapter07\Complete\7-2-1.psd

01 按下快捷键Ctrl+O，打开"7-2-1.jpg"文件，然后按下快捷键Ctrl+J，通过拷贝的图层得到"图层1"图层**02**。

02 在工具箱中选择套索工具，并在选项栏中设置羽化值为15像素。在图像中拖动鼠标，绘制一个不规则的图像选区**03**，并单击"图层"面板下方的"添加图层蒙版"按钮，为"图层1"图层添加图层蒙版**04**，将选区以外的图像隐藏**05**。

03 按住Ctrl键单击图层蒙版的缩略图，将白色区域设置为选区，然后选择"背景"图层，按下快捷键Ctrl+Shift+I，将选区反选**06**，将其填充为白色，并取消选择**07**。

04 执行"滤镜>油画"命令，在弹出的"油画"对话框中设置相关参数**08**，然后单击"确定"按钮，隐藏"图层1"图层，可以看到图像效果**09**。

05 将"图层1"图层显示，按住Ctrl键单击图层蒙版的缩略图，然后按下快捷键Shift+F7，将黑色区域设置为选区，将该部分填充为灰色**10**，使图像显示为半透明状态**11**。

06 执行"图层>创建调整图层>曲线"命令，在"属性"面板中设置相关参数**12** **13** **14**，并单击"属性"面板下方的 按钮，使其只影响"图层1"图层的效果**15**，同时新建一个调整图层。

07 新建一个图层，将其填充为黑色，执行"滤镜>渲染>镜头光晕"命令，在弹出的对话框中设置相关参数并单击"确定"按钮**16**，然后设置该图层的混合模式为"滤色"，为图像添加光照效果**17**，这样会使植物看起来更有生机。

7.2.2 利用多边形套索工具绘制立体盒子

在使用多边形套索工具时，可以通过拖动鼠标指定直线形的多边形选区，它不像磁性套索工具那样可以紧紧地依附在图像的边缘，从而方便地制作出选区，只要轻轻拖动鼠标，就可以绘制出多边形选区。

关 键 词：多边形套索工具

适用对象：平面设计师、插画师

适用版本：CS4、CS5、CS6、CC

实例功能：利用多边形套索工具绘制多边形，然后为其填充颜色和图案

原始文件：Chapter07\Media\7-2-2.jpg

最终文件：Chapter07\Complete\7-2-2.psd

01 按下快捷键Ctrl+N，弹出"新建"对话框，设置相关参数18，然后单击"确定"按钮，新建一个空白文档，将"背景"图层填充为从蓝色到白色的径向渐变效果19。

02 单击"图层"面板底部的"创建新图层"按钮 ，新建一个图层，命名为"正面"20；然后选择多边形套索工具 ，在该图层中单击鼠标，确定起始点21，接着将鼠标移至下一处，依次绘制其他转折点，最后将鼠标移至起始点处，会出现一个小圆圈，单击鼠标将其闭合，就可以绘制一个矩形22。

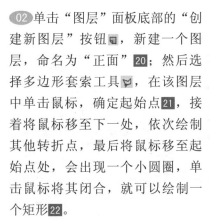

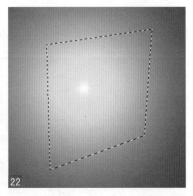

03 设置前景色为R:251、G:255、B:202，按下快捷键Alt+Delete填充选区，并取消选区23，然后执行"文件>置入"命令，将"7-2-2.jpg"文件置入到该文档中24。

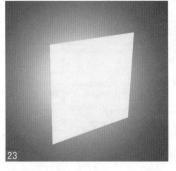

04 按住Shift键等比例调整图
像的大小并且将其移至合适的位
置，按Enter键确认操作 **25**，并在
"图层"面板中单击鼠标右键，
在弹出的快捷菜单中选择"栅格
化图层"命令，将智能图层转换
为普通图层 **26**。

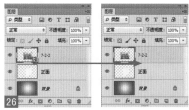

05 按下快捷键Ctrl+Alt+G创建
剪贴蒙版，按下快捷键Ctrl+T显
示图像的定界框，然后按住Ctrl
键拖动图像四周的节点，将其与
"正面"图层的边角相对应，按
下Enter键确认操作 **27**。

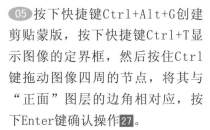

06 选择"正面"图层，利用减
淡工具和加深工具在图像上涂
抹，表现出明暗的效果 **28**；再执
行"图层>图层样式>内阴影"和
"描边"命令 **29**，为图像添加内
阴影和描边效果 **30**。

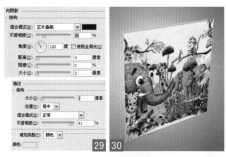

07 在"图层"面板中将"7-2-
2"和"正面"图层选中，单击链
接图层按钮 ⊕ **31**。然后使用同样
的方法制作立方体的其他面，并
且为其添加同样的贴图 **32** **33**。

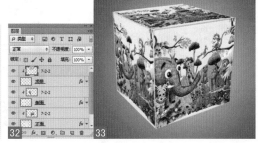

08 在"背景"图层上方新建一个
图层，将其命名为"倒影"，然
后选择画笔工具 ✎，在选项栏中
设置相关参数 **34**，在该图层中进
行涂抹，绘制出盒子的倒影效果
35，这样一幅逼真的卡通立体盒
子效果图就制作完成。

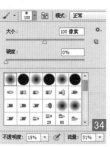

● 光盘路径
Chapter07\Media

Section 7.3 利用命令创建选区

● Level
◇◇◇

● Version
CS4、CS5、CS6、CC

Keyword ● "色彩范围"命令

在Photoshop中创建选区的方法有多种，前面两节主要讲解了利用工具创建选区的操作方法。本节讲解利用Photoshop中的相关命令创建选区的具体操作过程，将理论与实例相结合，互动性地讲解各种命令的用法，主要包括"色彩范围"、"晶格化"等命令。

使用"色彩范围"命令，Photoshop会将图像中满足"取样颜色"要求的所有像素点都圈选出来。它与魔棒工具的功能相似，但提供了更多的选取控制，并且更清晰地显示了选取的范围。

关 键 词："色彩范围"命令
适用对象：平面设计师
适用版本：CS4、CS5、CS6、CC
实例功能：利用"色彩范围"命令选择颜色相同的色彩，并且更改其颜色

原始文件：Chapter07\Media\7-4-1.jpg
最终文件：Chapter07\Complete\7-4-1.psd

01 按下快捷键Ctrl+O，打开"7-4-1.jpg"文件**01**，然后按下快捷键Ctrl+J，通过拷贝的图层得到"图层1"图层**02**。

02 执行"选择>色彩范围"命令，弹出"色彩范围"对话框**03**，用吸管在图像的黄色花朵处单击，并设置颜色容差为99，将黄色图像设置为选区，然后单击"确定"按钮**04**。

03 执行"滤镜>像素化>晶格化"命令，弹出"晶格化"对话框，设置单元格大小为3 05，单击"确定"按钮，使选区内的图像变为水彩画效果，并取消选区 06。

04 再次执行"选择>色彩范围"命令，弹出"色彩范围"对话框，在图像中单击红色花朵，设置颜色容差值为76 07，然后单击"添加到取样"按钮，继续单击与红色相近的色彩部分，将红色区域扩大，单击"确定"按钮 08。

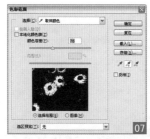

05 由于在步骤3中执行过"滤镜>像素化>晶格化"命令，此时只需按下快捷键Ctrl+F，就可以为选区内的图像继续应用相同参数的晶格化滤镜效果，然后取消选区 09。

? 问答：如何快速应用已经使用过的滤镜？

当使用过滤镜之后，会在"滤镜"菜单的第一项显示出该滤镜的名称。按下快捷键Ctrl+F，可继续使用同样的滤镜效果；如果按下快捷键Ctrl+Alt+F，可重新设置参数。

06 按照同样的方法改变其他花朵的效果，在设置选区的时候，可以在"色彩范围"对话框中灵活应用吸管工具和颜色容差值确定选区范围的大小 10。

07 按下快捷键Ctrl+M，弹出"曲线"对话框，调整曲线形状 11 12 13，改变图像色彩，并设置该图层的混合模式为"滤色"，最终将普通的照片制作成水彩效果 14。

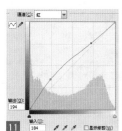

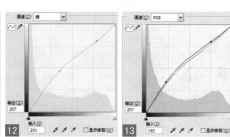

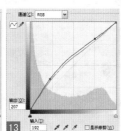

第 8 章

管理与编辑选区

在学习了利用不同方法创建图像的选区之后，本章主要讲解管理与编辑选区的具体方法，使读者能够灵活地应用选区制作出神奇的图像效果。

Section

8.1

● Level
◇◇◇
● Version
CS4、CS5、CS6、CC

管理选区

● 光盘路径
Chapter08\Media

Keyword　● 快速蒙版、存储选区、载入选区

在创建了选区之后，有时候需要对其进行移动；也有可能由于错误操作，将选区选择得不合理，需要对其进行重新选择；还有可能会涉及存储选区或载入选区的操作，本节主要讲解各种管理选区的方法。

8.1.1　移动与取消选区

当使用相关的选择工具创建选区时，有时候需要移动选区；当将选区绘制错误或编辑完选区内的图像时，就会取消选区，接下来学习其具体操作。

1. 移动选区

利用椭圆选框工具绘制选区 **01**，然后将鼠标指针放入选区之内，此时，鼠标指针会变为 ▷ 形状 **02**，按住鼠标左键拖动即可将其移至其他位置 **03**。同时，用户还可按下键盘中的4个方向键一次移动一个像素的距离，如果按住"Shift+方向键"，可一次移动10个像素的位置。

❓ 问答：如何在绘制选区的过程中移动选区位置？

正文中讲解的是移动已经绘制好的选区的位置。其实，只要在绘制选区的过程中按住空格键，就可以自由移动选区的位置，但是在移动的时候不要释放鼠标左键，释放空格键后，可以继续绘制编辑选区。

❗ 提示：用选择类工具和用移动工具移动选区的区别

在绘制了选区之后，用选择类工具移动选区，移动的只是选区的位置；而利用移动工具移动选区，会移动选区内图像的位置 **04**。

2. 取消选区

在图像中设置选区之后 **05**，如果要取消选区，方法有两种：一种是执行"选择>取消选择"命令，或按下快捷键Ctrl+D；另一种是利用选择类工具在选区外的任意位置单击鼠标取消选择，但使用该方法的前提是必须在选项栏中单击"新选区"按钮 **06**。

〇 知识链接

此处讲解的是取消选区的方法，在前面章节中也曾简单地提到，用户可参阅相关章节。

8.1.2　在快速蒙版模式下编辑

在创建选区之后，使用"快速蒙版"模式可以为选区添加或从中减去选区，以建立蒙版，也可以完全在"快速蒙版"模式下创建蒙版。受保护区域和未受保护区域以不同的颜色进行区分。当离开"快速蒙版"模式时，未受保护区域成为选区。

01 执行"文件>打开"命令，打开"8-1-2.jpg"文件**07**，利用快速选择工具快速地将小鸟制作为选区**08**。

02 由于图像的选区不是很精确，需要添加和减去选区。执行"选择>在快速蒙版模式下编辑"命令，使图像进入快速蒙版模式编辑**09**，可以发现非选区变成了红色。此时，"通道"面板中也出现了"快速蒙版"**10**。

03 在"通道"面板的"快速蒙版"中可以发现，选区中的图像为白色，非选区为黑色显示，因此选择画笔工具，设置前景色为白色，并在选项栏中设置其他参数**11**，对鸟的嘴部进行涂抹，再设置前景色为黑色，将尾巴部分从选区中减去**12**。

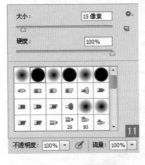

04 按Q键，关闭快速蒙版并返回到原始图像。现在，选区边界包围快速蒙版的未保护区域**13**，同时，"通道"面板中的临时蒙版消失**14**。

提示：临时快速蒙版通道

在"快速蒙版"模式中工作时，"通道"面板中会出现临时快速蒙版通道，但所有的蒙版编辑是在图像窗口中完成的。

知识链接

此处讲解了在"快速蒙版"模式下设置选区的方法，其中还涉及通道的相关知识，具体的通道讲解可参阅"第15章　通道的应用"。

8.1.3 　存储与载入选区

当创建了选区之后，可以将其存储为新的或现有的Alpha通道中的蒙版，然后从该蒙版重新载入选区。通过载入选区使其处于现用状态，然后添加新的图层蒙版，可以将选区用作图层蒙版。

1. 存储选区

执行"选择>存储选区"命令，在弹出的"存储选区"对话框中设置名称为"小鸟" **15**，然后单击"确定"按钮，将选区进行存储 **16**。通过切换到标准模式并执行该命令，可以将此临时蒙版转换为永久性Alpha通道。

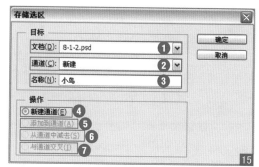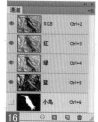

❶文档：为选区选取一个目标图像。默认情况下，选区放在现用图像中的通道内，可以选取将选区存储到其他打开的且具有相同像素尺寸的图像的通道中，或存储到新图像中。

❷通道：为选区选取一个目标通道。默认情况下，选区存储在新通道中，可以选取将选区存储到选中图像的任意现有通道中，或存储到图层蒙版中（如果图像包含图层）。

❸名称：如果要将选区存储为新通道，在"名称"文本框中为该通道输入一个名称。

❹新建通道：新建一个通道。如果要将选区存储到现有通道中，则该项变为"替换通道"，会替换通道中的当前选区。

❺添加到通道：将选区添加到当前通道内容。

❻从通道中减去：从通道内容中删除选区。

❼与通道交叉：保留与通道内容交叉的新选区的区域。

2. 载入选区

执行"选择>载入选区"命令，弹出"载入选区"对话框 **17**，在对话框中设置相关参数，单击"确定"按钮，就可为打开的图像 **18** 设定选区 **19**。

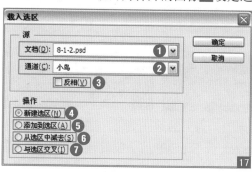

❶文档：选择要载入的源。　❷通道：选取包含要载入的选区的通道。

❸反相：选择未选中区域。　❹新建选区：添加载入的选区。

❺添加到选区：将载入的选区添加到图像中的任何现有选区。

❻从选区中减去：从图像的现有选区中减去载入的选区。

❼与选区交叉：从与载入的选区和图像中的现有选区交叉的区域中存储一个选区。

● 光盘路径

Chapter08\Media

Section 8.2 编辑选区

Keyword ● 变换选区、"调整边缘"命令

● Level ◇◇◇
● Version
CS4、CS5、CS6、CC

　　本节讲解编辑选区的不同操作方法，使读者不仅会创建选区，而且可以利用Photoshop中的相关命令改变选区的形态。

8.2.1 变换选区

　　在创建了选区之后，往往由于操作需要会改变选区的形状，此时就可以利用"变换选区"命令和快捷键来改变其形状，这里利用矩形选区作为实例。

　　选择工具箱中的矩形选框工具▣，在图像中绘制一个矩形选区 01，然后执行"选择>变换选区"命令，选区四周会出现定界框 02。

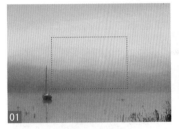

● 知识扩展

执行"编辑>自由变换"命令，图像的四周会出现定界框，当调整节点时，是对图像的形状进行改变；而选区的变换只是对选区的形状进行变换，并不改变选区内图像的形状。

　　单击鼠标右键，会弹出快捷菜单 03，该菜单与执行"编辑>自由变换"命令后单击鼠标右键弹出的快捷菜单相同。用户可以根据需要选择相应命令，也可以结合快捷键改变选区的形状。04 为选择了"缩放"命令的效果（按Shift键拖动四周的节点，可等比例缩放选区）；05 为选择了"旋转"命令对选区进行旋转的效果；06 为选择了"斜切"命令的选区效果（也可按Ctrl键拖动四边中间的节点进行调整）。

　　07 为选择了"扭曲"命令（也可按Ctrl键拖动四周的节点）的选区效果；08 为选择了"透视"命令后调整选区的效果。绘制一个异形图，09 为选择了"旋转90度（顺时针）"的选区效果；10 为执行了"水平翻转"命令的选区效果。

8.2.2　在选区内贴入图像

　　如果想更换部分图像的图案，往往需要将要更换的图像设置为选区，然后利用"贴入"命令覆盖该部分的显示。这样的图像效果也可以用剪贴蒙版和图层蒙版制作出来，只是原理不同而已。本例讲解如何更换人物服装的图案。

关　键　词：为选区贴图
适用对象：服装设计师、插画师
适用版本：CS4、CS5、CS6、CC
实例功能：利用"贴入"命令为选区填充图像

原始文件：Chapter08\Media\8-2-2.jpg...
最终文件：Chapter08\Complete\8-2-1.psd

01 执行"文件>打开"命令，打开"8-2-2.jpg"文件11，然后利用钢笔工具将人物的衣服设置为选区12。

02 按下快捷键Ctrl+O，打开"8-2-3.jpg"文件13，然后按下快捷键Ctrl+A，将该图像全选14，并按下快捷键Ctrl+C，将图像复制。

知识链接

此处讲解的是利用"贴入"命令为选区填充图像的过程，用剪贴蒙版也可以完成这一操作，用户可参阅"16.4　剪贴蒙版"节。

03 按下快捷键Ctrl+Tab，切换到人物图像中，然后执行"编辑>选择性粘贴>贴入"命令，将图像贴入人物的服装选区内15，同时，自动为植物图像添加服装选区状的图层蒙版16。

04 按下快捷键Ctrl+T，显示图像的定界框，然后按住Shift键拖动图像四周的节点，等比例缩小图像 **17**，并且对图像进行旋转，调整好之后按Enter键确认操作 **18**。

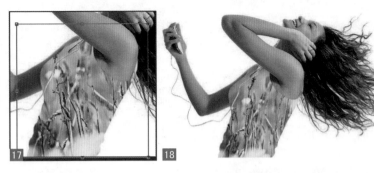

05 在"图层"面板中双击该图层，弹出"图层样式"对话框，选择"内发光"选项，并设置相关参数 **19**，然后单击"确定"按钮，为服装添加内发光样式，使其更加逼真 **20**。

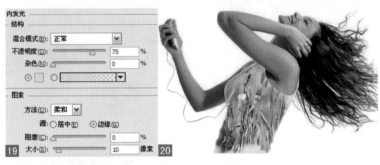

06 此时发现图像的背景有些单调，用同样的方法更换图像背景。这里选择"背景"图层 **21**，利用魔棒工具将白色的背景作为选区 **22**。

07 打开素材"8-2-4.jpg"文件，按下快捷键Ctrl+A，将图像全选 **23**，执行"编辑>拷贝"命令，然后切换到人物图像中，按下快捷键Ctrl+V **24**。

08 按下快捷键Ctrl+T，调整图像的大小与位置 **25**，并设置该图层的不透明度为65%，再设置前景色为黑色。然后选择渐变工具，设置参数值，在蒙版缩略图中拖动鼠标，使背景显示出渐变的效果 **26**，这样一幅完美的图像就制作完成了。

8.2.3　利用"调整边缘"命令为人物染发

"调整边缘"命令也可用于抠取图像，一般用于抠取毛发等细小的图像，本例讲解利用该命令抠取人物的头发，然后更换头发的色彩。

关 键 词："调整边缘"命令
适用对象：淘宝店主、平面设计师
适用版本：CS4、CS5、CS6、CC
实例功能：利用"调整边缘"命令抠取人物的头发

原始文件：Chapter08\Media\8-2-5.jpg
最终文件：Chapter08\Complete\8-2-2.jpg

01 执行"文件>打开"命令，打开"8-2-5.jpg"文件 **27**，利用快速选择工具将人物的头发部分设置为选区，注意此时的选区不是特别精确 **28**。

02 单击选项栏中的"调整边缘"按钮，或执行"选择>调整边缘"命令，弹出"调整边缘"对话框，设置相关参数 **29**，单击"确定"按钮，将人物的头发更加细致进行选取，然后将眼睛部分从选区中减去 **30**。

03 执行"图像>调整>色彩平衡"命令，弹出"色彩平衡"对话框，设置相关参数 **31**，然后单击"确定"按钮，使人物的头发由黑色变为黄色，再按下快捷键Ctrl+D，取消选择 **32**。

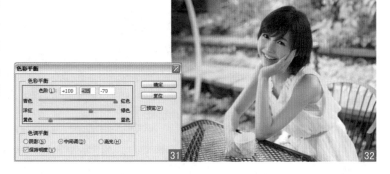

第 9 章

填充颜色与图像

　　一幅颜色协调的图像是每个设计师都追求的，在使用 Photoshop 制作图像的过程中，可以使用不同的方法填充图像。本章讲解如何利用不同的命令和工具为图像填充色彩或图案效果，主要以实例来阐述相关操作。

● 光盘路径
Chapter09\Media

Section

9.1

● Level
◇◇◇
● Version
CS4、CS5、CS6、CC

填充颜色

Keyword　● 套索工具、"填充"命令

　　填充颜色的方法有多种，可以利用快捷键、填充工具或相关命令填充选区或图层，在填充的过程中，用户还可以自定义色彩的颜色值或渐变效果，本节讲解如何为图像填充不同的色彩，使其表现出特殊效果。

　　利用"填充"命令填充图像颜色是我们常用的一个操作，因为该命令有多种填充方式可以选择，本例将详细介绍如何利用该命令为图像填充颜色，从而制作出彩色墙体效果。

关 键 词："填充"命令
适用对象：室内设计师
适用版本：CS4、CS5、CS6、CC
实例功能：利用"填充"命令将古老的墙体制作为个性的彩色墙体

原始文件：Chapter09\Media\9-1-1.jpg
最终文件：Chapter09\Complete\9-1-1.psd

01 执行"文件>打开"命令，打开"9-1-1.jpg"文件**01**，这是一张黑白照片，看起来图像中的墙体很古老，接下来将为它添加艺术感效果。按Alt键双击"背景"图层，使其转变为普通图层**02**。

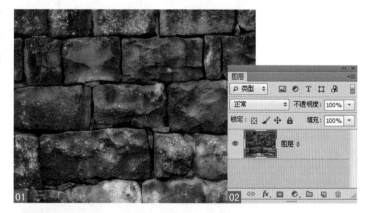

02 选择套索工具 ❑，在选项栏中设置羽化值为2，然后在图像中拖曳，将第一排砖头设置为选区**03**，设置前景色为R:233、G:21、B:116，然后执行"编辑>填充"命令，弹出"填充"对话框**04**。

● ● 知识链接

此处讲解的是利用"填充"命令填充选区的过程，对于使用快捷填充选区的过程可参阅"9.2.1"小节。

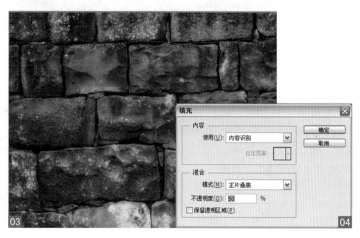

03 在"填充"对话框的"使用"下拉列表中选择"前景色"，并设置混合模式为"正片叠底"、不透明度为100%，选择"保留透明区域"复选框**05**，单击"确定"按钮，为选区填充洋红色，然后取消选区**06**。

04 再次利用套索工具在图像中绘制选区，将第二排砖头设置为选区**07**，并设置背景色为蓝色**08**。

05 按下快捷键Shift+F5，弹出"填充"对话框，设置"使用"选项为"背景色"，并设置其他参数**09**，单击"确定"按钮，将选区填充为蓝色效果，然后取消选区**10**。

06 再次利用套索工具将第三排砖头设置为选区，然后打开"填充"对话框，将"使用"选项设置为"颜色"**11**，此时会弹出"拾色器（填充颜色）"对话框，设置为黄色之后，单击"确定"按钮，取消选区，将选区填充为黄色**12**。

07 使用同样的方法将其他砖头填充为不同的颜色**13**，然后新建一个图层，将该图层填充为白色，并设置其混合模式为"叠加"、不透明度为70%，使彩墙的彩度更加鲜亮**14**。

● 光盘路径
Chapter09\Media

Section

9.2

● Level ────
◇◇◇

● Version ────
CS4、CS5、CS6、CC

填充图像

Keyword ● "填充"命令、"内容识别"命令

在上一节中讲解了填充颜色的方法，本节将介绍如何填充图像，就是将图像中的选区或整个图层用图案来填充。在填充的过程中，用户还可以自定义填充图案。

9.2.1 利用"填充"命令制作伤疤

本例讲解如何利用"填充"命令将选区填充为图案，制作出伤疤效果，从而将一幅普通的图像制作成具有艺术效果的图像。

关 键 词："填充"命令
适用对象：广告设计师
适用版本：CS4、CS5、CS6、CC
实例功能：利用"填充"命令将选区填充为图案效果

原始文件：Chapter09\Media\9-2-1.jpg
最终文件：Chapter09\Complete\9-2-1.psd

01 执行"文件>打开"命令，打开"9-2-1.jpg"文件**01**，这是一张普通的人像照片，其中的人物表现出忧伤的表情，如果加上一些细节的渲染，会更加突出照片的主题。按下快捷键Ctrl+J，通过拷贝的图层得到"图层1"图层，这样就不会破坏原始图像了**02**。

02 单击"图层"面板下方的"创建新图层"按钮 ，新建一个图层，将其命名为"伤疤"**03**，然后选择套索工具 ，在人物的胳膊处绘制一个选区**04**。

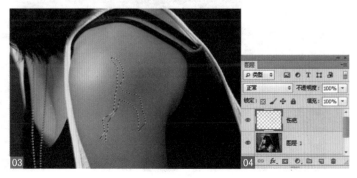

03 将该选区填充为 R:124、G:17、B:17，然后选择"编辑>填充"命令，弹出"填充"对话框，设置"使用"选项为"图案"，并在"自定图案"选项中选择合适的图案，设置其他相关参数 05，单击"确定"按钮，为选区填充图案效果，之后取消选区 06。

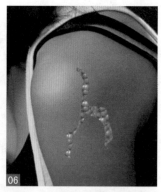

04 执行"图层>图层样式>斜面和浮雕"命令，弹出"图层样式"对话框，在右侧设置"斜面和浮雕"的参数，并在"光泽等高线"中选择"内凹-浅"选项 07 08。

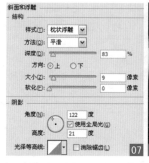

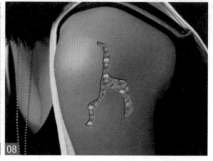

05 依次切换到"描边"、"渐变叠加"、"外发光"、"内发光"选项，设置相关参数 09 10 11 12，然后单击"确定"按钮，制作出伤疤的形态 13。

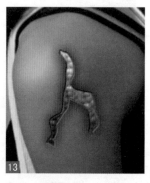

06 选择"图层1"图层，执行"滤镜>风格化>查找边缘"命令，设置该图层的混合模式为"叠加"、不透明度为57% 14；然后切换到"伤疤"图层，设置混合模式为"正片叠底"、不透明度为70% 15，使整个画面更具有艺术感。

9.2.2　利用油漆桶工具制作卡通绘画集

　　本例介绍制作绘画集的具体操作过程，首先将自己喜欢或绘制的卡通图像（也可以是其他图像或照片）自定义为图案，然后利用油漆桶工具填充图像，制作出卡通绘画集。

关　键　词：油漆桶工具
适用对象：淘宝店主、影楼设计人员
适用版本：CS4、CS5、CS6、CC
实例功能：利用油漆桶工具将选区填充为图案效果

原始文件：Chapter09\Media\9-2-2.jpg
最终文件：Chapter09\Complete\9-2-2.jpg

01 按下快捷键Ctrl+O，打开图像"9-2-2.jpg"文件16，然后执行"编辑>定义图案"命令，弹出"图案名称"对话框，将名称命名为"卡通"，单击"确定"按钮17。

02 按下快捷键Ctrl+N，弹出"新建"对话框，设置相关参数18，然后单击"确定"按钮，新建一个文档19。

03 选择油漆桶工具，在选项栏中设置填充区域的源为"图案"，并选择自定义的"卡通"图案，在图像中单击鼠标就可以填充图像20。

04 此时图像的背景有些单调，可以选择魔棒工具，将图像中的绿色背景全部设置为选区 **21** 。然后选择渐变工具，设置渐变参数，在选区中拖动鼠标，将背景色改变为渐变效果。最后按下快捷键 Ctrl+D 取消选区 **22** ，这样一幅漂亮的卡通绘画集就制作完成了。

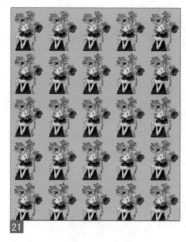
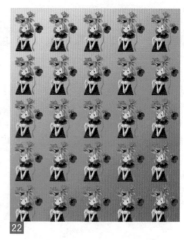

9.2.3　利用"内容识别"命令修复图像

使用内容识别填充功能可以自动从选区周围的图像上取样，然后填充选区，像素与亮度、影调、噪点等的配合天衣无缝，没有任何删除内容的痕迹。

关 键 词： "内容识别"命令
适用对象： 图像后期处理人员
适用版本： CS6、CC
实例功能： 利用"内容识别"命令去掉多余的图像

原始文件： Chapter09\Media\9-2-3.jpg
最终文件： Chapter09\Complete\9-2-3.jpg

01 按下快捷键 Ctrl+O，打开图像"9-2-3.jpg"文件 **23** ，利用套索工具或其他选择工具选中要填充的选区 **24** 。

02 执行"编辑>填充"命令，在弹出的"填充"对话框中单击"使用"下拉按钮，选择"内容识别"选项，然后单击"确定"按钮 **25** 就可以用周围图像填充选区。用户可以反复执行此操作，使填充效果显得更自然 **26** 。

第 10 章

调整图像色彩

调整图像色彩的应用非常广泛，最常见的就是我们在对拍摄的照片进行后期处理时经常会用到调整图像色彩的相关命令。"调整"下拉菜单中包含了多种调整图像色彩的命令，用户可以根据需要执行相关命令，调整参数后，就可以校正或改变图像的显示效果。

●光盘路径
Chapter10\Media

Section

10.1

快速调整图像

● Level
◇◇◇

● Version
CS4、CS5、CS6、CC

Keyword ● 自动色调、自动对比度、自动颜色

　　使用"图像"菜单中的"自动色调"、"自动对比度"和"自动颜色"命令可以自动对图像的颜色和色调进行简单调整，这几个命令比较适合初学者使用。

10.1.1　　"自动色调"命令

　　使用"自动色调"命令可以自动调整图像中的黑场和白场，将每个颜色通道中最亮和最暗的像素映射到纯白（色阶为255）和纯黑（色阶为0），中间像素值按比例重新分布，从而增强图像的对比度。

　　打开一张色调有些发白的照片 01，执行菜单栏中的"图像>自动色调"命令，Photoshop会自动调整图像，使色调变得清晰 02。

10.1.2　　"自动对比度"命令

　　使用"自动对比度"命令可以自动调整图像的对比度，使高光看上去更亮、阴影看上去更暗。03 是一张色调有些发灰的照片，04 是执行"图像>自动对比度"命令之后的效果。

　　"自动对比度"命令不会单独调整通道，它只调整色调，不会改变色彩平衡，因此不会产生色偏，也不能用于消除色偏（色偏即色彩发生改变）。该命令只可以改善彩色图像的外观，但无法改善单色调颜色的图像（只有一种颜色的图像）。

10.1.3　　"自动颜色"命令

"自动颜色"命令可以通过搜索图像来标识阴影、中间调和高光，从而调整图像的对比度和颜色，用户可以使用该命令校正出现色偏的照片。

打开照片05，这两张照片的颜色有不同程度的偏色。执行"图像>自动颜色"命令，即可校正颜色，06为校正后的效果。在调整时，也可多次执行该命令，以便调整出效果最佳的图像。

10.1.4　　"自然饱和度"命令

利用"自然饱和度"命令调节图像饱和度时会保护已经饱和的像素，这样对图片中人物的肤色会起到很好的保护作用，既能增加图像某一部分的色彩，还能使图像的饱和度趋于正常。

"自然饱和度"对话框中的"自然饱和度"和"饱和度"非常类似07。同时也有很大的区别，"自然饱和度"选项用来控制饱和度的自然程度，增加数值时会智能地增大色彩浓度较淡的部分，浓度较大的部分不会有太大变化；减少数值时会智能地减少色彩浓度较大的部分，这样整个画面的浓度就很接近，感觉非常自然08。但是增大"饱和度"的数值时会加大所有颜色的饱和度，这样画面就会很容易失真09。

> ❶ 提示：　"饱和度"与"色相/饱和度"命令中"饱和度"选项的区别
>
> 两者的效果相同，使用"饱和度"时，会增加整个画面的"饱和度"，但是如果调节到较高数值，图像会产生色彩过饱和，从而引起图像失真。

Section

10.2

● Level ——
◇◇◇
● Version ——
CS4、CS5、CS6、CC

图像色彩的基本调整

● 光盘路径
Chapter10\Media

| Keyword | ● 亮度 / 对比度、曲线 |

在处理图像时，调整图像的基本调色非常重要，我们经常用Photoshop对图像的色彩进行不同程度的调整，例如使用亮度/对比度、色阶、曲线等命令，还可以将几种命令结合使用，呈现出意想不到的效果，接下来分别讲解几种基本调色命令的使用方法。

10.2.1 "亮度/对比度"命令

"亮度/对比度"命令可以对图像的色调范围进行调整，对于暂时还不能灵活使用"色阶"命令和"曲线"命令的用户，当需要调整色调和饱和度时，可以通过该命令来操作。

打开任意一个图像**01**，执行"图像>调整>亮度/对比度"命令，弹出"亮度/对比度"对话框**02**，向左拖动滑块降低亮度和对比度，向右拖动滑块可增加亮度和对比度。如果在对话框中选择"使用旧版"复选框，则可得到与Photoshop CS3之前版本相同的调整结果。

❶亮度：这是调节亮度的选项，数值越大**03**，图像越亮。**04**为调整亮度值之后的图像，比原图的颜色更亮，使得天空不再阴沉。

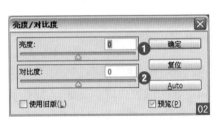

❷对比度：这是调节对比度的选项，数值越大**05**，图像越清晰。**06**为调整亮度值之后的图像，图像的明暗对比更加明显。

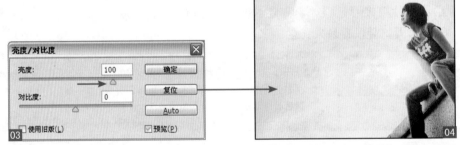

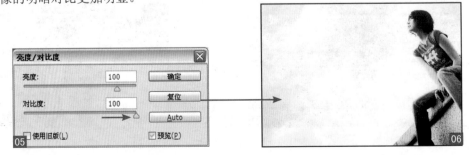

10.2.2　利用"曲线"命令制作青春纪念照

Photoshop可以调整图像的整个色调范围及色彩平衡，但它不是通过控制3个变量（阴影、中间调和高光）来调节图像的色调，而是对0到255色调范围内的任意点进行精确调节。下面讲解如何使用"曲线"命令调节图像，使照片的色彩更加亮丽。

关 键 词："曲线"命令
适用对象：平面设计师、图像后期处理人员
适用版本：CS4、CS5、CS6、CC
实例功能：利用"曲线"对话框中的"通道"选项调整图像颜色

原始文件：Chapter10\Media\10-2-2.jpg
最终文件：Chapter10\Complete\10-2-1.psd

01 执行"文件>打开"命令，打开素材"10-2-2.jpg"文件**07**。

02 执行"图像>模式>Lab颜色"命令，将图像从RBG颜色模式**08**转换为Lab颜色模式**09**。

> ◎◎ 知识链接
>
> 此处还可以将图像的颜色模式改为其他模式，具体的图像模式讲解参阅2.2小节。

03 执行"图像>调整>曲线"命令，弹出"曲线"对话框**10**，对曲线的"显示"选项进行设置**ⓐⓑ**。

04 设置通道为a**ⓒ**，分别将曲线的两个端点向相反的方向调整两格，使曲线变得更陡，此时图像的整体颜色已经发生了改变**11**。

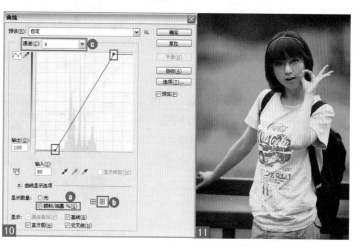

05 设置通道为b，分别将曲线的两个端点向相反的方向调整两格，使曲线变得更陡12，此时图像的整体色彩变得亮丽起来13。

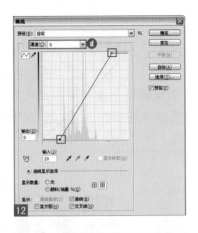

问答： 是否所有的滤镜都能在Lab颜色模式下使用？

有些滤镜在Lab颜色模式下无法使用，执行"图像>模式>RGB颜色"命令，将其转换为RGB颜色模式之后就可以应用所有的滤镜。

06 设置通道为明度，将曲线的左端点向右调整两格，提高图像对比度14，此时图像的整体色彩变得亮丽起来15。

07 执行"图像>模式>RGB颜色"命令，将图像从Lab颜色模式转换为RGB颜色模式。

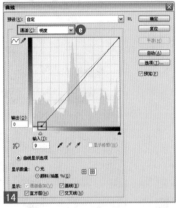

08 为了表现"水彩"滤镜，首先要在"图层"面板上将"背景"图层拖动到"创建新图层"按钮上，这样图层就被复制了，生成"背景 副本"图层16。

09 选择"背景 副本"图层，执行"滤镜>像素画>彩块化"命令，将人物做成水彩效果17。

10 在"图层"面板中将"背景 副本"图层的不透明度设置为38%，将叠加模式设置为"叠加"18。

11 原图像和应用了滤镜的图像合成，制作出青春洋溢的效果19。

Section

10.3

● Level ————
◇◇◇
● Version ————
CS4、CS5、CS6、CC

图像色彩的高级调整

● 光盘路径
Chapter10\Media

Keyword　● 色相 / 饱和度、去色

　　通过上一节的讲解，用户大概了解了图像调整的神奇效果，本节继续讲解调整图像色调的方法，主要包括使用"色相/饱和度"、"去色"等命令，将理论与实例相结合，深入讲解各种命令的特点。

10.3.1　利用"色相/饱和度"命令改变季节

　　"色相/饱和度"是非常重要的调色命令，它可以对色彩的三大属性，即色相、饱和度（纯度）、明度进行修改。它的特点是既可以单独调整单一颜色的色相、饱和度和明度，又可以同时调整图像中所有颜色的色相、饱和度和明度。

关 键 词："色相/饱和度"命令
适用对象：图像后期处理人员、淘宝店主
适用版本：CS4、CS5、CS6、CC
实例功能：利用"色相/饱和度"对话框中的相关选项调整图像的色调

原始文件：Chapter10\Media\10-3-1.jpg
最终文件：Chapter10\Complete\10-3-1.jpg

01 执行"文件>打开"命令，打开素材"10-3-1.jpg"文件01，利用快速选择工具将人物和气球设置为选区，然后按下快捷键Ctrl+Shift+I，将选区进行反向选择02。

02 执行"图像>调整>色相/饱和度"命令或按下快捷键Ctrl+U，弹出"色相/饱和度"对话框03，在对话框中设置相关参数，单击"确定"按钮，改变图像的颜色，使秋景变为春景，然后取消选区04。

⚠ 提示：更加方便地调整颜色

在选择图像之后，只能对选区内的图像进行颜色的调整，如果在取消选区之后要重新调整图像色彩，就必须重新设定选区，此时可以将选区中的图像进行复制，从而更快捷地调整图像色彩。

10.3.2　利用"去色"命令制作灰度图像

在人像、风光和纪实摄影领域，黑白照片是具有特殊魅力的一种艺术表现形式。高调是由灰色级谱的上半部分构成的，主要包含白、极浅灰白、浅灰、深灰和中灰，将图像效果表现得轻盈、明快、单纯、清秀、优美，这种艺术氛围的照片称为高调图片。

关 键 词："去色"命令
适用对象：图像后期处理人员、影楼设计人员
适用版本：CS4、CS5、CS6、CC
实例功能：利用"去色"命令制作灰度图像效果

原始文件：Chapter10\Media\10-4-3.jpg
最终文件：Chapter10\Complete\10-4-2.jpg

01 执行"文件>打开"命令，打开素材"10-4-3.jpg"文件**05**。

02 将会执行"图像>调整>去色"命令，将会使颜色从彩色变为灰度效果**06**。

03 执行"图像>调整>亮度/对比度"命令，弹出"亮度/对比度"对话框，设置相关参数，然后单击"确定"按钮，提高图像的黑白对比度**07**。

04 按下快捷键Ctrl+J，将图层进行复制，然后执行"滤镜>模糊>高斯模糊"命令，设置半径为1，单击"确定"按钮，接着设置该图层的混合模式为"正片叠底"、不透明度为60%，**08**为图像的最终效果。

> ⓘ **提示：去色和灰度的区别**
>
> 两者主要是颜色模式不同。"去色"是在RGB或CMYK等色彩模式下将图片转换为黑白效果，此时，RGB的3个颜色通道一样，如果是CMYK原理也相同。灰度图是将图片模式转换为灰度，通道就是一个0~255的灰度，可以对图像的部分进行去色操作，而灰度不可以。

第 11 章

绘制图像

　　本章讲解绘制图像的相关内容。在Photoshop中绘制图像时，使用最多的工具就是画笔工具，用户可以将自己喜爱的图像自定义为画笔形状，还可以在Photoshop中选择自带的各种画笔形状，也可以在"画笔"面板中调整画笔的样式，最终绘制出各种奇特的效果。

Section
11.1
● Level
◇◇◇
● Version
CS4、CS5、CS6、CC

设置颜色

● 光盘路径
Chapter11\Media

Keyword ● 前景色、背景色

在使用画笔、渐变和文字工具以及进行填充、描边选区、修改蒙版等操作时都需要指定颜色，Photoshop提供了非常出色的颜色选择工具，可以帮助用户找到需要的任何色彩。

11.1.1 前景色与背景色

Photoshop的工具箱底部有一组前景和背景色设置图标**01**，前景色决定了使用绘画工具（画笔和铅笔）绘制线条以及使用文字工具创建文字时的颜色；背景色则决定了使用橡皮擦工具擦除图像时被擦除区域所呈现的颜色。此外，在增加画布大小时，新增的画布以背景色填充。

1. 修改前景色和背景色

在默认情况下，前景色为黑色，背景色为白色。单击设置前景色或背景色图标**02** **03**，会弹出"拾色器"对话框，在对话框中可以修改它们的颜色。此外，用户也可以在"颜色"和"色板"面板中设置，或者使用吸管工具拾取图像中的颜色作为前景色或者背景色。

❶设置前景色
❷切换前景色和背景色
❸默认前景色和背景色
❹设置背景色

2. 切换前景色和背景色

单击切换前景色和背景色图标，或按下X键，可以切换前景色和背景色**04**。

3. 恢复为默认的前景色和背景色

在修改了前景色和背景色之后**05**，单击默认前景色和背景色图标或按下D键，可以将它们恢复为系统默认的颜色**06**。

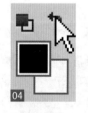 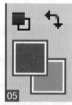 

4. 了解拾色器

单击工具箱中的前景色或背景色图标，弹出"拾色器"对话框**07**，在该对话框中可以选择基于HSB（色相、饱和度、亮度）、RGB（红色、绿色、蓝色）、Lab、CMYK（青色、洋红、黄色、黑色）等颜色模型来指定颜色。

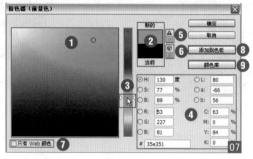

❶色域/拾取的颜色：在"色域"中拖动鼠标可以改变当前拾取的颜色。

❷新的/当前："新的"颜色块中显示的是现在设置的颜色，"当前"颜色块中显示的是上一次使用的颜色。

❸颜色滑块：拖动颜色滑块可以调整颜色范围。

❹颜色值：显示了当前设置的颜色的颜色值。用户也可以输入颜色值来精确地定义颜色。

❺溢色警告▲：由于RGB、HSB和Lab颜色模型中的一些颜色（如霓虹色）在CMYK模型中没有等同的颜色，因此无法准确地打印出来，这些颜色就是我们所说的"溢色"。出现该警告以后，可单击它下面的小块，将颜色替换为CMYK色域（打印机颜色）中与其最接近的颜色08 09。

❻非Web安全色警告🔲：表示当前设置的颜色不能在网上准确显示，单击警告下面的小方块，可以将颜色替换为与其最接近的Web安全颜色10 11。

❼只有Web颜色：表示只在色域中显示Web安全色。

❽添加到色板：单击该按钮，可以将当前设置的颜色添加到"色板"面板。

❾颜色库：单击该按钮，可以切换到"颜色库"中。

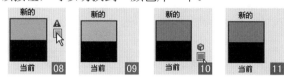

11.1.2　利用吸管工具拾取颜色

在了解了用拾色器设置颜色的方法以后，接下来学习利用吸管工具拾取颜色的方法，同时，用户还可以结合快捷键设置背景色以及设置特殊的图像颜色。

01 按下快捷键Ctrl+O，打开"11-1-1.jpg"文件12 13。

02 选择吸管工具 ✐，将光标放在图像上，单击鼠标拾取单击点的颜色并将其设置为前景色14；按住鼠标按键移动，可以重新拾取颜色15。

03 按住Alt键单击，可以拾取单击点的颜色并将其设置为背景色16。如果将光标放在图像上，然后按住鼠标按键在屏幕上拖动，则可以拾取窗口、菜单栏和面板的颜色17。

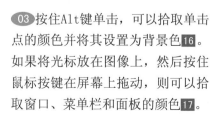

Section

11.2

● Level ————
◇◇◇

● Version ————
CS4、CS5、CS6、CC

设置画笔属性

● 光盘路径

Chapter11\Media

| Keyword | ● 画笔选项栏 |

　　在Photoshop的绘画领域中，画笔工具是一个非常重要而又常用的工具，用户可以利用画笔工具绘制插画以及绘制其他图像效果，还可以将其与图层蒙版、通道等结合使用，接下来学习设置画笔属性的相关知识。

11.2.1　画笔工具的选项栏

　　选择画笔工具后，在图像窗口上端会显示出画笔工具的选项栏<mark>01</mark>。

　　❶画笔下拉面板：单击该选项的下拉按钮，会弹出一个显示画笔形态的面板，用户可以在其中选择画笔笔尖<mark>02</mark>，设置画笔的大小和硬度。单击面板上的❖.按钮，会显示出扩展菜单<mark>03</mark>。

　　❷切换到画笔调板：在画面上显示"画笔"面板。

　　❸模式：该选项提供了画笔和图像的合成效果，一般称为混合模式，可以在图像上应用独特的画笔效果<mark>04</mark>。

　　❹不透明度：用来设置画笔的不透明度，该值越低，线条的透明度越高。

　　❺流量：用来设置光标移动到某个区域上方时应用颜色的速率。在某个区域上方涂抹时，如果一直按住鼠标按键，颜色将根据流动速率增加，直至达到不透明度设置。

　　❻喷枪：启用喷枪功能后，Photoshop会根据鼠标按键的单击程度确定画笔线条的填充数量。

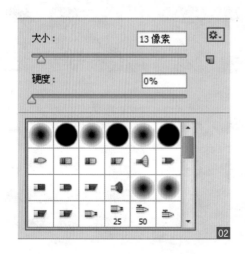

11.2.2 创建自定义画笔

在Photoshop中，用户可以将绘制的图形、图像或选区内的部分图像创建为自定义的画笔。本实例主要讲解如何将卡通图像制作为画笔，并用该画笔绘制不同颜色的图像效果。

关 键 词：自定义画笔
适用对象：插画师
适用版本：CS4、CS5、CS6、CC
实例功能：利用创建的自定义形状为图像添加图案

原始文件：Chapter11\Media\11-2-3.jpg...
最终文件：Chapter11\Complete\11-2-1.psd

01 执行"文件>打开"命令，打开"11-2-3.jpg"文件**05**，这是一张卡通图像，下面需要将图像中的人物作为画笔。

02 利用快速选择工具将图像中的人物作为选区**06**。

03 按下快捷键Ctrl+J，将它复制到一个新的图层中**07**，然后按下快捷键Ctrl+T显示定界框，按住Shift键拖动控制点进行等比例缩小，并按下Enter键确认**08**。

04 单击"背景"图层前面的眼睛图标 **09**，将该图层隐藏，再按住Ctrl键单击"图层1"的缩览图，载入人物选区**10**。

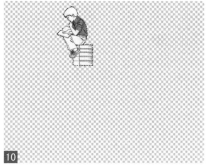

05 执行"编辑>定义画笔预设"命令，弹出"画笔名称"对话框，将其命名为"读书"**11**，然后单击"确定"按钮，就可以将人物定义为一个画笔。

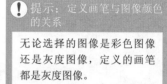

提示：定义画笔与图像颜色的关系

无论选择的图像是彩色图像还是灰度图像，定义的画笔都是灰度图像。

06 执行"文件>打开"命令，打开"11-2-4.jpg"文件**12**，单击"图层"面板下方的"创建新图层"按钮，新建一个空白图层**13**。

07 将前景色设置为蓝色，再将背景色设置为红色，然后选择画笔工具，单击选项栏中的按钮，打开"画笔"面板，在左侧列表中单击"画笔笔尖形状"选项，选择定义的画笔**14**；再分别选择"形状动态""散布""颜色动态"选项，对画笔的参数进行调整**15** **16** **17**。

08 使用画笔工具在画面中单击并拖动鼠标涂抹，绘制出读书人物的图像。由于调整了画笔参数，所绘制人物的大小、角度、颜色都会呈现变化**18**。

● 光盘路径

Chapter11\Media

Section
11.3

● Level
◇◇◇◇

● Version
CS4、CS5、CS6、CC

其他绘画工具

Keyword　● 铅笔工具、颜色替换工具

在Photoshop CC中，用于绘制图像的工具除了绘画工具之外，还有其他一些经常用到的工具，例如铅笔工具、颜色替换工具、混合器画笔工具等，经过简单的操作，也能够达到理想的绘画效果，本节主要讲解其他绘画工具的相关知识。

11.3.1　铅笔工具

铅笔工具也是使用前景色来绘制线条的，它与画笔工具的区别是画笔工具可以绘制带有柔边效果的线条，而铅笔工具只能绘制硬边线条。01 为铅笔工具 ✐ 的工具选项栏，除"自动抹除"功能外，其他选项均与画笔工具相同。

选择"自动抹除"复选框后，拖动鼠标时，如果光标的中心在包含前景色的区域上，可将该区域涂抹成背景色02；如果光标的中心在不包含前景色的区域上，可将该区域涂抹成前景色03。

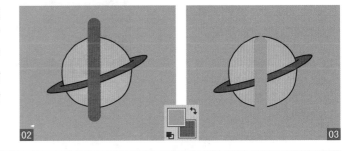

● 知识扩展

铅笔工具的主要用途： 如果用缩放工具放大观察铅笔工具绘制的线条，就会发现线条边缘呈现清晰的锯齿。现在非常流行的像素画主要是使用铅笔工具绘制而成的，并且需要出现种种锯齿04　05。

接下来利用铅笔工具 ✐ 绘制裂纹效果。首先打开一个彩蛋的图像06，选择铅笔工具，设置前景色为灰色，在选项栏中设置铅笔的参数07，在图像中的彩蛋中绘制出裂纹效果08，然后按照同样的方法为其他彩蛋制作裂纹效果09。

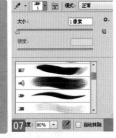

⊘ 提示：使用铅笔工具绘制特殊笔迹

在使用铅笔工具进行绘制时，单击起始点，按住Shift键再单击终点，可绘制一条直线。

11.3.2　利用颜色替换工具表现创意色彩

利用颜色替换工具可以用前景色替换图像中的颜色，该工具不能用于位图、索引或多通道颜色模式的图像。本例主要讲解利用颜色替换工具表现创意色彩。

关　键　词：颜色替换工具
适用对象：服装设计师、插画师
适用版本：CS4、CS5、CS6、CC
实例功能：利用颜色替换工具表现创意
色彩

原始文件：Chapter11\Media\11-3-5.jpg
最终文件：Chapter11\Complete\11-3-2.psd

01 按下快捷键Ctrl+O，打开素材文件"11-3-5.jpg" **10**，并按下快捷键Ctrl+J，通过拷贝的图层将"背景"图层进行复制 **11**，然后在"色板"面板中选择橘黄色。

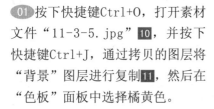

02 选择颜色替换工具 ，在选项栏中选择一个柔角笔尖，并在属性栏中设置各项参数 **12**。然后在"图层1"的背景中涂抹，替换背景草地的颜色 **13**。

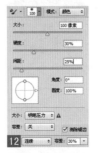

03 设置"图层1"的混合模式为"线性光"、不透明度为50% **14**，使该图层与"背景"图层形成混合效果 **15**。

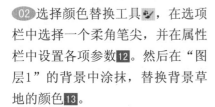

04 选择"背景"图层，执行"图像>调整>亮度/对比度"命令，在弹出的对话框中设置参数 **16**，然后单击"确定"按钮，改变图像效果 **17**。

第 12 章

图像的润饰

本章主要讲解图像的润饰，用户可以利用 Photoshop CC 中的仿制图章工具、图案图章工具、污点修复画笔工具、修补工具、红眼工具、模糊工具、橡皮擦工具、减淡和加深工具等对有瑕疵的图像进行修复，使其表现出完美的图像效果。

● 光盘路径
Chapter12\Media

Section
12.1
● Level
◇◇◇
● Version
CS4、CS5、CS6、CC

复制图像

Keyword　● 仿制图章工具

　　除了前面章节讲到的在图层间复制图像的方法（复制整个图层的图像或选区中的图像）以外，用户还可以对图像的局部进行复制，本节将讲解利用仿制图章工具、图案图章工具复制图像的过程。

12.1.1　利用仿制图章工具制作朦胧的飞鸟

　　使用仿制图章工具 可以选择一定区域的图像，然后单击鼠标就可以将选定的图像进行复制。在本例中，我们使用仿制图章工具复制小鸟。

关 键 词：仿制图章工具
适用对象：修图师、淘宝店主
适用版本：CS4、CS5、CS6、CC
实例功能：利用仿制图章工具复制图像

原始文件：Chapter12\Media\12-1-1.jpg
最终文件：Chapter12\Complete\12-1-1.jpg

01 执行"文件>打开"命令，在弹出的"打开"对话框中选择"12-1-1.jpg"文件，并将其打开 01 02 。

02 在工具箱中选择仿制图章工具 ，并在选项栏中设置相关参数03，然后按住Alt键在小鸟中央部位单击取样04，在图像的左下方单击鼠标左键，就可以将小鸟复制到其他位置05。按照同样的方法将小鸟复制到图像的其他位置06。

●● 知识扩展

如果要将复制的图像变小或进行旋转，可在"仿制源"面板中进行设置。

12.1.2　利用图案图章工具制作无限连接图像

图案图章工具 ![]用来复制预先定义好的图案。使用图案图章工具可以利用图案进行绘画，可通过拖动鼠标填充图案，常常被用于背景图片的制作过程中。在下面的实例中，我们将详细介绍图案图章工具的用法。

关键词：图案图章工具
适用对象：摄影师、影楼设计人员
适用版本：CS4、CS5、CS6、CC
实例功能：利用图案图章工具复制图像

原始文件：Chapter12\Media\12-1-2.jpg
最终文件：Chapter12\Complete\12-1-2.jpg

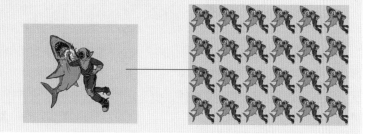

01 执行"文件>打开"命令，打开"12-1-2.jpg"文件 **07**。选择工具箱中的矩形选框工具，将选项栏中的羽化值设置为0，并在图像中拖动，绘制出准备应用图案的图像选区 **08**。

02 执行"编辑>定义图案"命令，弹出"图案名称"对话框，将所选的图案命名为"动画" **09**，然后单击"确定"按钮，完成图案的自定义。

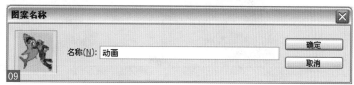

03 选择图案图章工具 ![]，并在选项栏中设置大小与硬度 **10**。

04 单击选项栏中的"图案拾色器"下拉按钮 ![]，在弹出的下拉列表中选择自定义的"动画"图案 **11**。

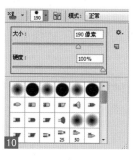

05 新建一个空白文档 **12**，用鼠标在文档中拖曳，此时定义的动画图案将被添加到拖动的区域内。反复拖动鼠标，便可以完成连续图像的制作 **13**。

14 为仿制图章工具的选项栏。

在仿制图章工具的选项栏中，除了"对齐"和"样本"外，其他选项均与画笔工具相同。

❶ 切换画笔面板 📷：单击该按钮，可以打开或关闭"画笔"面板。

❷ 切换仿制源面板 📑：单击该按钮，可以打开或关闭"仿制源"面板。

❸ 对齐：选择该复选框，可以连续对像素进行取样；如果取消选择，则每单击一次鼠标，都是用初始取样点中的样本像素，因此，每次单击都被视为另一次复制。

❹ 样本：用来选择从指定的图层中进行数据取样。如果要从当前图层及其下方的可见图层中取样，应选择"当前和下方图层"；如果仅从当前用图层中取样，可选择"当前图层"；如果要从所有可见图层中取样，可选择"所有图层"；如果要从调整图层以外的所有可见图层中取样，可选择"所有图层"，然后单击选项右侧的忽略调整图层按钮 🚫。

❓ 问答：光标中心的十字线有什么用处？

在使用仿制图章时，按住Alt键在图像中单击定义要复制的内容（称为"取样"）15，然后将光标放在其他位置，放开Alt键拖动鼠标涂抹，即可将复制的图像应用到当前位置。与此同时，画面中会出现一个圆形光标和一个十字形光标，圆形光标是正在涂抹的区域，该区域的内容是从十字形光标所在位置的图像上复制的。在操作时，两个光标始终保持相同的距离，用户只要观察十字形光标位置的图像，就可以知道将要涂抹出什么样子的内容16 17。

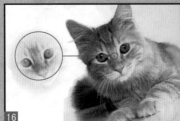

---

18 为图案图章工具的选项栏。

在图案图章工具的选项栏中，"模式"、"不透明度"、"流量"、"喷枪"等与仿制图章工具和画笔工具相同。

❶ 对齐：选择该复选框后，可以保持图案与原始起点的连续性，即使多次单击鼠标也不例外19，取消选择时，每次单击鼠标都重新应用图案20。

❷ 印象派效果：选择该复选框后，可以模拟出印象派效果的图案21，22为未选择该复选框的图像效果。

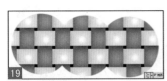

● 光盘路径

Chapter12\Media

Section

12.2

● Level ───
◇◇◇
● Version ───
CS4、CS5、CS6、CC

修复和修补图像

Keyword　● 污点修复画笔工具

大家经常会看到一些有瑕疵的照片，如果想将它们焕然一新，可以使用Photoshop CC提供的多个修复照片工具，包括污点修复工具、修复画笔工具、修补工具、内容感知移动工具以及红眼工具，它们可以快速地修复图像中的污点和瑕疵。

12.2.1　利用污点修复画笔工具修复图像

使用污点修复画笔工具 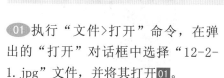 可以快速去除照片中的污点、划痕和其他不理想的部分。它与修复画笔工具的工作方式类似，也是使用图像或选中的样本像素进行绘画，并将样本像素的纹理、光照、透明度和阴影与所修复的像素相匹配。但修复画笔工具要求制定样本，污点修复画笔工具可以自动从所修饰区域的周围取样。下面通过实例来学习此工具的具体操作方法。

关 键 词：污点修复画笔工具
适用对象：美工、图像后期处理人员
适用版本：CS4、CS5、CS6、CC
实例功能：利用污点修复画笔工具去除苹果上的杂点

原始文件：Chapter12\Media\12-2-1.jpg
最终文件：Chapter12\Complete\12-2-1.jpg

01 执行"文件>打开"命令，在弹出的"打开"对话框中选择"12-2-1.jpg"文件，并将其打开**01**。

02 执行"图像>调整>亮度/对比度"命令，弹出"亮度/对比度"对话框，设置相关参数后，单击"确定"按钮**02**，调整图像的亮度。

03 按下快捷键Ctrl+L，弹出"色阶"对话框，然后设置相关参数**03**，调整图像的色彩，使亮的地方更亮、暗的地方更暗，增加图像的明暗对比度**04**。

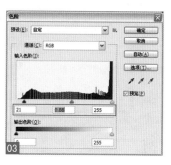

04 在工具箱中选择污点修复画笔工具 ，在选项栏中设置参数**05**，然后在图像中苹果柄处单击，自动从所修饰区域的周围取样，改善苹果的柄，将其缩短**06**。

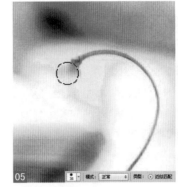

05 由于光线较强，苹果的高光部分不够准确，利用污点修复画笔工具将此处的高光部分进行修复**07**，然后利用画笔工具重新绘制苹果的高光**08**。

06 按下快捷键Ctrl+E，向下合并图层。然后执行"滤镜>模糊>光圈模糊"命令，在弹出的"模糊工具"和"模糊效果"面板中设置相关参数**09** **10**，在选项栏中单击"确定"按钮，对图像进行模糊处理**11**。

07 按下快捷键Ctrl+M，弹出"曲线"对话框，分别调整"红"、"蓝"通道的参数**12** **13**，然后单击"确定"按钮，使图像颜色更具有复古的效果**14**。

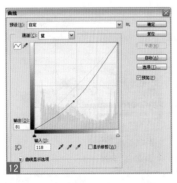
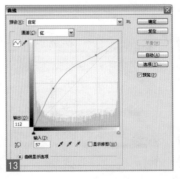

12.2.2　利用修补工具制作美景图

修补工具 可以说是对修复画笔工具的一个补充，也可以用其他区域或图案中的像素来修复选中的区域，并将样本像素的纹理、光照和阴影与源像素进行匹配。该工具的特别之处是需要用选区来定位修补范围。本例主要讲解利用修补工具复制和删除图像的过程。

关 键 词：修补工具
适用对象：修图师、图像后期处理人员
适用版本：CS4、CS5、CS6、CC
实例功能：利用修补工具修复或复制图像

原始文件：Chapter12\Media\12-2-3.jpg
最终文件：Chapter12\Complete\12-2-3.jpg

01 执行"文件>打开"命令，打开"12-2-3.jpg"文件15，然后在工具箱中选择修补工具 ，在选项栏中设置各项参数，在画面中单击并拖动鼠标创建选区16。

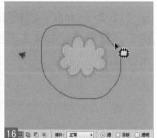

02 将光标放在选区内，单击并向左下角拖动复制图像17，然后按下快捷键Ctrl+D，取消选择18。

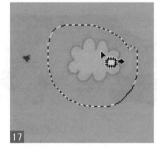

03 按照同样的方法去除天空中多余的小鸟和云朵19，并选择选项栏中的"目标"单选按钮，复制草地上的小草和花朵等图像20。

12.2.3　利用红眼工具去除红眼

在使用闪光灯拍摄人物照片时，经常会出现眼球部位变红的现象，该现象就是我们常说的红眼现象。在Photoshop中，可以利用红眼工具清除红眼现象，本例介绍利用红眼工具消除红眼现象的过程。

关 键 词：红眼工具
适用对象：图像后期处理人员
适用版本：CS5、CS6、CC
实例功能：利用红眼工具去除照片中的红眼现象

原始文件：Chapter12\Media\12-2-5.jpg
最终文件：Chapter12\Complete\12-2-5.jpg

01 执行"文件>打开"命令，打开"12-2-5.jpg"文件**21**，然后在工具箱中选择放大工具**🔍**，将人物脸部放大**22**。

02 选择工具箱中的红眼工具**🔴**，然后在选项栏中设置相关参数，在人物眼球部分的红眼处单击，即可消除红眼现象**23** **24**。

03 为了表现出怀旧照片的效果，按下快捷键Ctrl+U，弹出"色相/饱和度"对话框，选择"着色"复选框，并设置其他参数**25**，然后单击"确定"按钮，对图像应用设置**26**。

第 13 章

绘制与编辑路径

钢笔工具经常被用于绘制不同的路径，同时，Photoshop 软件中还包含矩形工具、椭圆工具和自定形状工具等一些特殊的矢量工具，这样一来，用户就可以很方便地绘制出想要的图形了。本章主要讲解路径的基本知识以及特殊用法。

了解绘图模式

● 光盘路径
Chapter13\Media

Section 13.1

● Level ◇◇◇
● Version
CS4、CS5、CS6、CC

Keyword ● 形状路径、工作路径

使用Photoshop中的钢笔和自定形状等矢量工具可以创建不同类型的图形，包括形状路径、工作路径和填充区域。选择一个矢量工具后，需要先在工具选项栏中按下相应的按钮指定一种绘制模式，然后才能绘图。

01为钢笔工具的选项栏中包含的绘制模式按钮。

1. 形状路径

选择"形状"后，可以单独在形状图层中创建形状**02**。形状图层**03**由填充区域和形状两部分组成，填充区域定义了形状的颜色、图案和图层的不透明度，形状则是一个矢量蒙版，它定义了图像的显示和隐藏区域。形状是路径，出现在"路径"面板中**04**。

2. 工作路径

选择"路径"后，可以创建工作路径**05** **06**，它出现在"路径"面板中**07**。工作路径可以转换为选区、创建矢量蒙版，也可以填充和描边，从而得到光栅效果的图像。

3. 填充区域

选择"像素"后，就可以在当前图层上绘制栅格化后的图像（图形的填充颜色为前景色）**08** **09**。由于不能创建矢量图，因此，"路径"面板中也不会有路径**10**。

● 光盘路径
Chapter13\Media

Section

13.2

认识路径和锚点

● Level
◇◇◇

● Version
CS4、CS5、CS6、CC

Keyword　● 路径、锚点、钢笔工具

在使用矢量工具时，尤其是钢笔工具时，用户必须了解路径与锚点的用途，下面来了解路径与锚点的特征和它们之间的关系。

在学习路径和锚点知识之前，用户应该了解它们的概念与特征，本节将讲解路径与锚点的特征，两者既有区别，又有着密不可分的联系。值得注意的是，路径是矢量对象，它不包含像素，因此，没有进行填充或描边的路径是不能被打印出来的。

1. 路径的特征

路径是可以转换为选区或使用颜色填充和描边的轮廓。它包括有起点和终点的开放式路径 `01`，以及没有起点和终点的闭合式路径两种 `02`。此外，路径也可以由多个相互独立的路径组件组成，这些路径组件称为子路径 `03`。

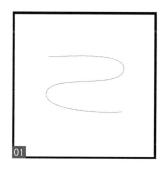

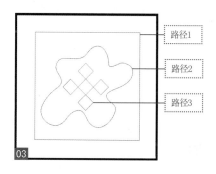

2. 锚点的特征

路径是由直线路径段或曲线路径段组成的，它们通过锚点连接。锚点分为两种，一种是平滑点，另一种是角点，平滑点连接可以形成平滑的曲线 `04`；角点连接形成直线 `05`，或者转角曲线 `06`；曲线路径段上的锚点有方向线，方向线的端点为方向点，它们用于调整曲线的形状。

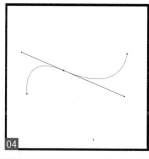
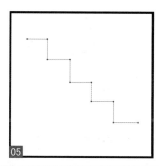
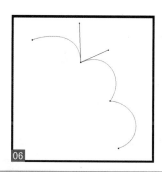

? 问答：在绘制路径时，如何将工作路径转换为路径？

在利用钢笔工具绘制路径时，存在于"路径"面板中的路径为临时路径，如果要将其转换为路径，可将工作路径拖曳到"创建新路径"按钮 上，这样就可以将其转换为路径了，默认路径名称为"路径1"。

Section

13.3

熟悉路径

Keyword ● 描边路径

● Level
◇◇◇

● Version
CS4、CS5、CS6、CC

在掌握绘制路径的方法之后，用户还应该掌握路径的一些编辑方法。本节讲解路径的基本编辑方法，包括选择、隐藏、存储路径等基本操作，接下来详细介绍相关内容。

13.3.1 "路径"面板

"路径"面板用于保存和管理路径，该面板中显示了每条存储的路径、当前工作路径和当前矢量蒙版的名称和缩览图，下面看一下具体使用"路径"面板的方法。

执行"窗口>路径"命令，即可打开"路径"面板**01**，**02**为面板的菜单。

快捷按钮
● ：用前景色填充路径 ◇：从选区生成工作状态
○ ：用画笔描边路径 ❈：将路径作为选区载入
▣ ：添加蒙版 ◰：创建新路径 🗑：删除当前路径

❶新建路径◰：创建新路径。执行该命令后，会弹出"新建路径"对话框**03**。

❷复制路径：复制选定的路径。执行该命令后，会弹出"复制路径"对话框**04**。

❸删除路径：删除选定的路径。

❹建立工作路径：将选区转换为工作路径**05**。

❺建立选区：将选定的路径作为选区载入**06**。

❻填充路径：使用颜色或者图案填充路径内部。执行该命令后，会弹出"填充路径"对话框**07**。

❼描边路径：为选定的路径轮廓填充前景色，在"描边路径"对话框的"工具"下拉列表中可以选择上色工具**08**。

❽剪贴路径：在路径上应用剪贴路径，其他部分设置为透明状态**09**。

❾面板选项：执行该命令，在弹出的"路径面板选项"对话框中调整路径面板的预览大小**10**。

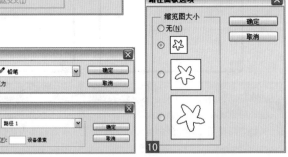

13.3.2　了解工作路径

在使用钢笔工具或形状工具绘图时，如果单击"路径"面板中的"创建新路径"按钮，新建一个路径层，然后再绘图，可以创建路径 **11**；如果没有单击 按钮直接绘图，则创建的是工作路径 **12**。工作路径是出现在"路径"面板中的临时路径，用于定义形状的轮廓。

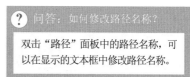

问答：如何修改路径名称？

双击"路径"面板中的路径名称，可以在显示的文本框中修改路径名称。

13.3.3　创建和存储路径

如果将绘制好的路径进行存储，就可以再次运用路径进行各种编辑，接下来讲解创建和存储路径的方法。

1. 创建路径

单击"路径"面板中的"创建新路径"按钮，可以创建新路径层 **13**。如果要在新建路径时设置路径的名称，可以按住Alt键单击 按钮，在弹出的"新建路径"对话框 **14** 中输入路径的名称 **15**，然后单击"确定"按钮，重新创建并命名路径 **16**。

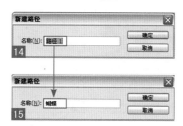

2. 存储路径

在创建了工作路径之后，如果要保存工作路径且不重命名，可以将它拖至"路径"面板底部的 按钮上 **17** **18**；如果要存储并重命名，可以双击它的名称，在弹出的"存储路径"对话框中 **19** 为它输入一个新名称 **20**。

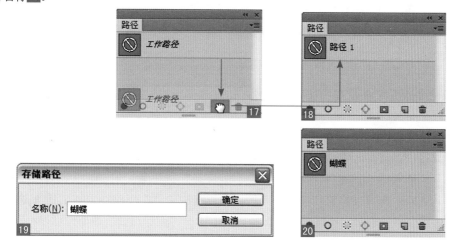

13.3.4　选择和隐藏路径

1.选择路径

单击"路径"面板中的路径即可选择该路径**21**；在面板的空白处单击，可以取消选择路径，同时会隐藏文档窗口中的路径**22**。

2.隐藏路径

单击"路径"面板中的路径后，画面中会始终显示该路径，即使使用其他工具进行图像处理时也是如此。如果要保持路径的选择状态，但不希望路径对实线造成干扰，可以按下快捷键Ctrl+H隐藏画面中的路径**23**，再次按下该快捷键可以重新显示路径**24**。

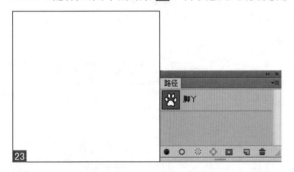

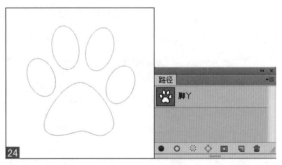

13.3.5　复制和删除路径

1.在"路径"面板中复制路径

在"路径"面板中将路径拖动到 按钮上，可以复制该路径。如果要复制并重命名路径，可以选择路径，然后执行面板菜单中的"复制路径"命令，在弹出的"复制路径"对话框中输入新路径的名称。

2.通过剪贴板复制路径

使用路径选择工具 选择画面中的路径，执行"编辑>拷贝"命令，可以将路径复制到剪贴板中，再执行"编辑>粘贴"命令，可以粘贴路径。如果在其他图像中执行"粘贴"命令，则可将路径粘贴到另一个图像中。

3.删除路径

在"路径"面板中选择路径，单击"删除当前路径"按钮 ，在弹出的对话框中单击"是"按钮即可将其删除，也可以将路径拖动到该按钮上直接删除。在用路径选择工具 选择路径时按下Delete键也可以将其删除。执行"路径"面板菜单中的"删除路径"命令也可以将路径删除。

13.3.6 "填充路径"对话框

25为"填充路径"对话框,在该对话框中可以设置填充内容和混合模式等选项。

❶ 使用:可选择用前景色、背景色、黑色、白色或其他颜色填充路径。如果选择"图案",则可以在下面的"自定图案"下拉面板中选择一种图案填充路径。

❷ 模式/不透明度:可选择填充效果的混合模式和不透明度。

❸ 保留透明区域:仅限于填充包含像素的图层区域。

❹ 羽化半径:可为填充设置羽化。

❺ 消除锯齿:可部分填充选区的边缘,在选区的像素和周围像素之间创建精细的过渡。

13.3.7 用画笔描边路径

在Photoshop中不仅可以对选区进行描边,还可以对绘制的路径进行描边,最后将路径隐藏,得到的图像效果在视觉上与选区的描边相似,接下来介绍用画笔描边路径的操作过程。

关 键 词:描边路径

适用对象:插画师、平面设计师

适用版本:CS4、CS5、CS6、CC

实例功能:利用画笔描边路径制作人像插画效果

原始文件:Chapter13\Media\13-3-1.jpg

最终文件:Chapter13\Complete\13-3-1.psd

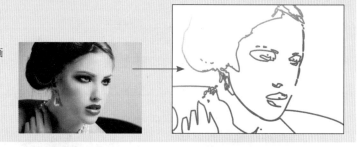

01 执行"文件>打开"命令,打开"13-3-1.jpg"文件**26**,执行"图像>调整>阈值"命令,在弹出的"阈值"对话框中设置相关参数,然后单击"确定"按钮,使人像变为黑白的涂鸦效果**27**。

02 选择钢笔工具 ,在选项栏中选择"路径"选项,绘制人物脸部的轮廓**28**,然后按下快捷键Ctrl+Enter,将路径转换为选取,并且填充选区为黑色,取消选区**29**。

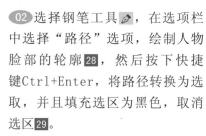

03 选择魔棒工具 ，在选项栏中取消选择"连续"复选框，在图像中的黑色区域单击鼠标，将黑色图像设置为选区30，然后切换到"路径"面板，单击"从选区生成工作路径"按钮 31。

04 设置前景色为R:243、G:72、B:72，然后选择画笔工具 ，在选项栏中设置相关参数32。

05 单击"图层"面板下方的"创建新图层"按钮 ，新建一个图层，将其命名为"线条"33。

06 单击"路径"面板右上方的 按钮，在弹出的下拉菜单中选择"描边路径"命令，在弹出的对话框中选择"画笔"选项，单击"确定"按钮，就可以用设置好的画笔属性来描边路径34，将工作路径和"背景"图层隐藏35。

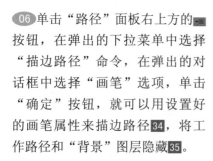

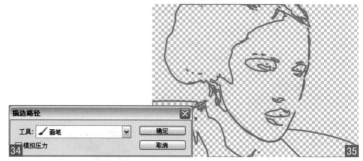

07 选择橡皮擦工具，将线条与文档边缘相贴的部分擦除36，为"线条"图层添加图层蒙版37，然后按下D键，将前景色和背景色还原为黑色和白色。

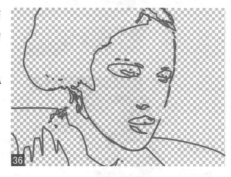

08 按下Ctrl键单击"创建新图层"按钮，在"线条"图层的下方新建一个图层，将其填充为白色，然后单击"线条"图层的蒙版缩略图，选择渐变工具，用从黑色到白色的线性渐变在图像中拖曳，将部分图像隐藏，得到渐隐的线条人像效果38 39。

Section

13.4

● Level
◇◇◇
● Version
CS4、CS5、CS6、CC

管理路径

● 光盘路径
Chapter13\Media

Keyword ● 路径之间的运算

在使用钢笔工具绘图或者描摹对象的轮廓时，有时不能一次就绘制准确，而是需要在绘制完成后通过对锚点和路径进行编辑达到目的，下面来了解管理路径的常用操作。

13.4.1　选择和移动路径

1. 选择路径

使用直接选择工具 单击一个锚点即可选择该锚点，选中的锚点为实心方块，未选中的锚点为空心方块 **01**。在单击一个路径段时，可以选择该路径段 **02**。

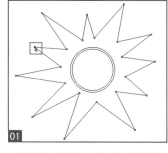
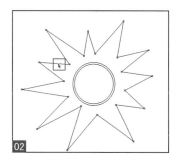

使用路径选择工具 单击路径即可选择路径 **03**。如果要添加选择锚点、路径段或者路径，可以按住Shift键逐一单击需要选择的对象 **04** **05**，也可以单击并拖动一个选框，将需要选择的对象框选 **06** **07**。如果要取消选择，可在画面空白处单击。

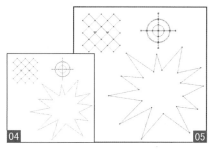
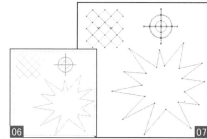

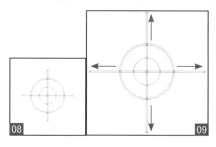

2. 移动锚点、路径段和路径

在选择锚点、路径段和路径后，按住鼠标按键不放并拖动，即可将其移动 **08** **09** **10** **11**。如果选择了锚点，光标从锚点上移开，这时又想移动锚点，则应当将光标重新定位在锚点上，单击并拖动鼠标才能将其移动，否则，只能在画面中拖动一个矩形框，可以框选锚点或者路径段，但不能移动锚点。路径也是如此，从选择的路径上移开光标后，需要重新将光标定位在路径上才能将其移动。按住Alt键单击一个路径段，可以选择该路径段及路径段上的所有锚点 **12**。

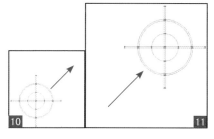

13.4.2　路径之间的运算

　　在使用钢笔工具或形状工具创建多个子路径时，可以在工具选项栏中单击 ▣ 按钮，在弹出的下拉菜单中执行相关命令 **13**，包括新建图层 ▣ **14**、合并形状 ▣ **15**、减去顶层形状 ▣ **16**、与形状区域相交 ▣ **17**、排除重叠形状 ▣ **18**、合并形状组件 ▣ **19**，执行相关命令后，就可以确定子路径的重叠区域会产生怎样的交叉结果。下面通过创建形状图层来了解路径运算的结果，我们将在一个正方形上添加一个三角形来了解这两个路径之间运算会产生怎样的结果 **20**。

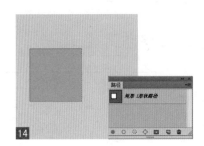
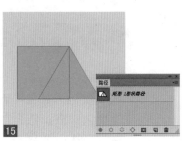

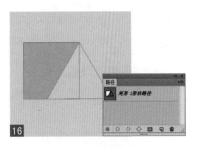
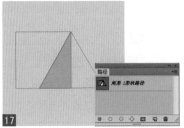
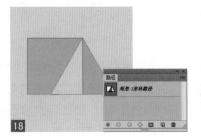

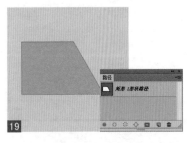
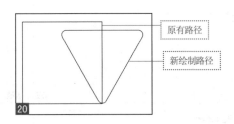

　　在对已经绘制好的形状执行"合并形状组件"命令时，如果在此之前对形状进行了其他运算，则合并形状组件后的形状效果不同。**21** 为执行"减去顶层形状"命令后，再合并形状组件的效果；**22** 为执行"与形状区域相交"命令后，再合并形状组件的效果；**23** 为执行"排除重叠形状"命令后，再合并形状组件的效果。

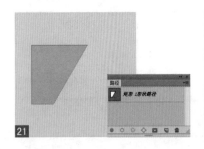
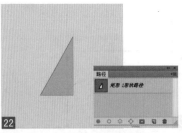
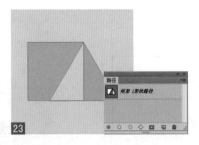

第 14 章

输入与编辑文字

　　文字是广告设计的重要组成部分，也是传达信息最便捷、最有效、最直接的传播媒介，还能起到美化版面、强化主题的作用。Photoshop 提供了多个用于创建文字的工具，文字的编辑方法也非常灵活，本章就来详细了解文字的创建与编辑方法。

● 光盘路径
Chapter14\Media

Section 14.1 解读 Photoshop 中的文字

● Level
◇◇◇

● Version
CS4、CS5、CS6、CC

Keyword ● 文字工具、变形文字

用户可以利用文字工具在图像中输入文字，还可以改变字体的大小、颜色、文字间距等，下面对文字工具进行介绍。

14.1.1 文字工具

在广告、网页或者印刷品等作品中，能够直观地将信息传递给观众的载体就是文字。将文字以更加丰富多彩的方式加以表现，是设计领域里的一个至关重要的主题，其应用已经扩展到多媒体、演示、网页文字的各个领域。

使用Photoshop提供的文字工具可以对文字进行适当的操作，使其应用特效。用文字工具输入文字，与一般程序中编辑输入文字的方法基本一致，但是Photoshop可以给文字添加多样的文字特效，使文字更加生动、漂亮。01 02 03 均为文字在平面设计中的不同效果。

01

02

03

14.1.2 文字的类型

Photoshop中的文字是由以数学方式定义的形状组成的，在将文字栅格化之前，Photoshop会保留关于矢量的文字轮廓，用户可以任意缩放文字或调整文字大小而不会产生锯齿。

用户可以通过3种方式创建文字，即在点上创建04、在段落中创建05和沿路径创建06。Photoshop提供了4种文字工具，其中，横排文字工具和直排文字工具用来创建点文字、段落文字和路径文字，横排文字蒙版工具和直排文字蒙版工具用来创建文字选区。

04

05

06

14.1.3　文字工具的选项栏

07为横排文字工具的选项栏。

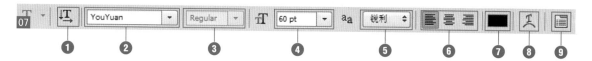

❶切换文本的方向：可以在横向文本或纵向文本中切换文本的方向，每次单击该按钮都会更改当前的文字方向。**08**为中文横向文本，**09**为中文纵向文本，**10**为英文横向文本，**11**为英文纵向文本。

❷设置字体：选择要输入文字的字体，单击右侧的 ▾ 按钮，可以从字体列表中选择需要的字体。在该列表中，包含Windows系统默认提供的字体以及用户自己安装的字体。

❸设置字体样式：在该下拉列表中可以设置字体的样式，单击右侧的 ▾ 按钮后，可从中选择相关选项，包括Regular和Blod选项。

❹设置字体大小：指定输入文字的大小。单击右侧的下拉按钮 ▾，选择需要的字体大小，或者直接输入字体大小值。

❺设置消除锯齿的方法：将文字的轮廓线和周围的颜色混合，使图片更加自然的一项文字处理功能。在下拉菜单中选择需要的效果即可**12**。

❻文字对齐图标：对输入的文本进行左对齐 **13**、居中对齐 **14** 或者右对齐 **15**。

❼设置文字颜色：单击颜色框，会弹出"显示文本颜色"对话框，在该对话框中可以直接指定需要的颜色，也可以输入颜色值来设置文字的颜色。在这里可以选择"只要Web颜色"复选框，更改为Web的颜色对话框。

❽"创建文字变形"按钮：使文字的样式更加多样。单击该按钮后，将弹出"变形文字"对话框，单击"样式"后面的下拉按钮 ▾，在下拉列表中选择需要的文字样式。

❾切换字符和段落面板：打开"字符"面板或"段落"面板。

Section

14.2

● Level ————
◇◇◇
● Version ————
CS4、CS5、CS6、CC

创建文字

● 光盘路径
Chapter14\Media

| Keyword | ● 点文字、段落文字、路径文字 |

　　文字是广告设计和人们日常生活中不可缺少的元素，同时，各种文字效果存在于各行业，具有艺术效果的文字无疑为其表达的含义添加了一道亮丽的风景线，本节将学习创建文字的不同方法。

14.2.1　创建点文字

　　点文字是一个水平或垂直的文本行，在处理标题等字数较少的文字时可以通过点文字来完成。本例将利用横排文字工具 **T** 创建点文字，并为其添加图层样式效果，最终为人物服装添加艺术文字效果。

关 键 词：点文字
适用对象：图像后期处理人员、淘宝店主
适用版本：CS5、CS6、CC
实例功能：为人像照片添加文字，制作出个性的短裤效果

原始文件：Chapter14\Media\14-2-1.jpg
最终文件：Chapter14\Complete\14-2-1.psd

01 执行"文件>打开"命令，打开"14-2-1.jpg"文件**01**。

02 在工具箱中选择"横排文字工具" **T**，在工具选项栏中设置字体、大小和颜色，然后在图像中单击确定文字的插入点，画面中会出现一个闪烁的光标**02**。

> ⚠ 提示：文字的换行和移动
>
> 在输入文字时，如果要换行，可以按下回车键；如果要移动文字的位置，可以将光标放在字符以外，单击并拖动鼠标。

03 输入相关文字，按下快捷键 Ctrl+Enter 结束输入，此时，在"图层"面板中会新建一个文字图层**03**。默认情况下，文字图层的名称为所输入的文字内容**04**。

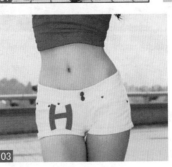

04 在"图层"面板中设置该图层的混合模式为"颜色加深" **05** ，使文字表现出与服装相融合的效果 **06** 。

知识扩展

在输入文字时，如果要移动文字的位置，可以按下Ctrl键，这样会临时对文字进行自由变换，可以调整文字的位置、旋转角度以及大小等属性。

05 执行"图层>图层样式>外发光"命令，弹出"图层样式"对话框，设置"外发光"选项的参数 **07** ，完成后单击"确定"按钮，为文字添加外发光效果 **08** 。

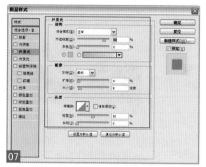

06 将文字图层拖曳到"图层"面板下方的"创建新图层"按钮 上，将该图层复制，得到"H 副本"图层。然后利用移动工具将副本图层向右移动到另一个裤腿上，并且更改文字为"Y" **09** ，此时，"Y"图层也会应用"H"图层的混合模式和图层样式效果 **10** 。

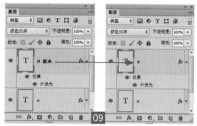

07 将两个文字图层选中，然后单击鼠标右键，在弹出的快捷菜单中选择"栅格化文字"命令，将文字图层转换为普通图层 **11** 。

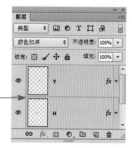

08 选择工具箱中的模糊工具 ，在选项栏中设置相关参数 **12** ，然后在文字形状的边缘涂抹，使其边缘变得模糊，形成与衣服镶嵌的效果 **13** 。至此，为服装添加文字的效果制作完成 **14** 。

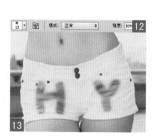

14.2.2　创建段落文字

段落文字是在定界框内输入的文字，它具有自动换行、可调整文字区域大小的优势。在需要处理文字量较大的文本时，可以使用段落文字来完成。本例通过创建文本学习此操作。

关 键 词：段落文字
适用对象：图像后期处理人员、淘宝店主
适用版本：CS4、CS5、CS6、CC
实例功能：为人像照片添加文字，制作出
丰富多彩的画面效果

原始文件：Chapter14\Media\14-2-3.jpg
最终文件：Chapter14\Complete\14-2-2.psd

01 执行"文件>打开"命令，打开"14-2-3.jpg"文件 15 16 。

02 在工具箱中选择横排文字工具 T ，在选项栏中设置字体、大小和颜色等属性 17 ，然后在画面中单击并向右下角拖出一个定界框，放开鼠标时，画面中会出现闪烁的 I 形光标 18 ，此时可输入文字，当文字达到文本框边界时会自动会换行 19 。

03 此时，发现文字框的右下角出现了一个 ⊞ 符号，说明有溢出的文字，可以拖曳文字框四周的任意节点 20 将文字框放大，直到将文字全部显示 21 。

04 单击选项栏中的 ▣ 按钮，打开"字符"面板和"段落"面板，在"字符"面板中设置文字的行距、字符间距以及其他属性 22 ；在"段落"面板中单击"最后一行左对齐"按钮 ▤ ，使文字两端对齐，而最后一行左对齐，设置文字的首行缩进为 50pt 23 ，完成后单击选项栏中的 ✔ 按钮 24 。

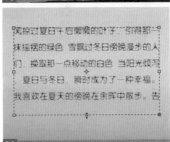

05 如果想要表现出文字的艺术效果，单击选项栏中的"创建文字变形"按钮 ，在弹出的"变形文字"对话框中设置相关参数 **25**，然后单击"确定"按钮，即可表现出文字的个性 **26**。

14.2.3　创建路径文字

下面介绍沿路径排列文字的方法，应用路径功能，可以沿着路径自动输入并排列文字。路径可以通过应用路径选择工具 和直接选择工具 进行适当的变形和更改。

关 键 词：路径文字
适用对象：广告设计师
适用版本：CS4、CS5、CS6、CC
实例功能：利用绘制的路径为图像添加路径文字

原始文件：Chapter14\Media\14-2-6.jpg
最终文件：Chapter14\Complete\14-2-4.psd

01 按下快捷键Ctrl+O，打开"14-2-6.jpg"文件，然后选择工具箱中的钢笔工具 ，在选项栏中单击 右边的小三角，在弹出的下拉列表中选择"路径"选项 **27** **28**。

02 选择工具箱中的文字工具，并单击路径左侧的 a 点 **29**。当光标位于路径之上时输入相关文字 **30**。

03 为了调整文字的大小、字体以及颜色，首先将文字选中，然后在"字符"面板中调整文字的属性 **31**，并为文字添加白色的描边效果，使文字看起来更加清晰 **32**。同时，用户还可以为文字添加其他效果。

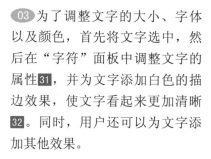

第 15 章

通道的应用

通道是图像的重要组成部分，记录了图像的大部分信息，利用通道可以创建像发丝一样精细的选区，本章介绍 Photoshop 中通道的相关内容。

Section

15.1

初识通道

● 光盘路径

Chapter15\Media

● Level
◇◆◇◆◇

● Version
CS4、CS5、CS6、CC

Keyword　● 通道

通道是图像的重要组成部分，记录了图像的大部分信息，利用通道可以创建像发丝一样精细的选区。Photoshop中的通道有多种用途，可以显示图像的分色信息、存储图像的选取范围和记录图像的特殊色信息。

15.1.1　通道的作用

在Photoshop中，通道的主要作用就是保存图像的颜色信息。例如，一个RGB模式的图像，它的每一个像素的颜色数据是由红（R）、绿（G）、蓝（B）3个通道记录的，而这3个色彩通道组合以后合成了一个RGB主通道**01** **02**。

通道的另外一个作用就是存放和编辑选区，也就是Alpha通道的功能。在Photoshop中，当选区范围被保存之后，就会自动成为一个蒙版保存在一个新增的通道中，该通道会被自动命名为Alpha**03** **04**。

通道要求的文件大小取决于通道中的像素信息。每个Alpha通道和专色通道也会增加文件的大小。某些文件格式，包括TIFF格式和PSD格式，会压缩通道信息从而节省磁盘的存储空间。当执行了"文件大小"命令时，窗口左下角的第二个值显示的是包含了Alpha通道和图层的文件大小。

利用通道可以完成图像色彩的调整和特殊效果的制作，灵活使用通道可以自由调整图像的色彩信息，为印刷制版、制作分色片提供方便。打开一个图像**05**，选中蓝色通道，按下快捷键Ctrl+M，在"曲线"对话框中调整蓝色通道的曲线**06**，就会改变图像的颜色**07**。

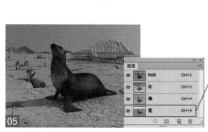

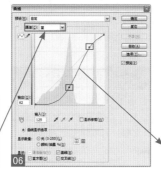

15.1.2　"通道"面板

使用"通道"面板可以创建、保存和管理通道。当打开一个图像时，Photoshop会自动创建该图像的颜色信息通道，08　09分别为图像、"通道"面板（单击面板右上角的▤按钮会弹出面板菜单）。

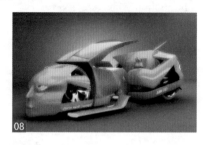

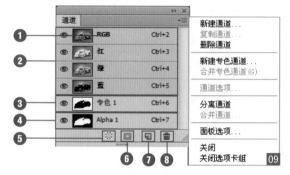

❶复合通道：面板中最先列出的是复合通道，在复合通道下可以同时预览和编辑所有的颜色通道。

❷颜色通道：用于记录颜色信息的通道。

❸专色通道：用来保存专色油墨的通道。

❹Alpha通道：用来保存选区的通道。

❺将通道作为选区载入▦：单击该按钮，可以载入所选通道内的选区。

❻将选区存储为通道▣：单击该按钮，可以将图像中的选区保存在通道内。

❼创建新通道▣：单击该按钮，可以创建Alpha通道。

❽删除当前通道▦：单击该按钮，可以删除当前选择的通道，但复合通道不能删除。

下面介绍几个常用的面板编辑方法。

1. 查看与隐藏通道

单击◉图标可以使通道在显示和隐藏之间切换，用于查看某一颜色在图像中的分布情况。例如RGB模式下的图像，如果选择显示RGB通道，则红通道、绿通道和蓝通道都自动显示，但选择其中任意原色通道，其他通道会自动隐藏。

> ◖◗知识扩展
>
> 由于复合通道是由各原色通道组成的，因此在选中隐藏面板中的某一个原色通道时，复合通道会自动隐藏。如果选择显示复合通道，那么组成它的原色通道将自动显示。

2. 调整通道缩略图

单击"通道"面板右上角的黑三角，从弹出的菜单中选择"面板选项"命令，弹出"通道面板选项"对话框，在其中可以设定通道缩略图的大小，以便对缩略图进行观察10。

> ❗ 提示：利用快捷键选择通道
>
> 若要选择某一通道，可通过快捷键来选择，红通道为Ctrl+3，绿通道为Ctrl+4，蓝通道为Ctrl+5，复合通道为Ctrl+2，此时，打开的通道将成为当前通道。在"通道"面板中按住Shift键单击某个通道，可以选择或者取消多个通道。

Section 15.2 通道的基本操作

● Level
◇◇◇
● Version
CS4、CS5、CS6、CC

Keyword　● 将通道作为选区载入

　　本节主要介绍通道的基本操作方法，包括使用"通道"面板中的按钮和面板菜单中的命令创建通道以及对通道进行复制、删除、分离与合并等操作。

15.2.1　保存选区至通道

　　通道是抠取细小选区时的一个重要途径，用户可以将选区和通道进行互相转换，还可以将选区保存为通道，以便他用。接下来，讲解将选区保存到通道的具体操作方法。

01 按下快捷键Ctrl+O，打开一个文件01，用魔棒工具🪄将灰色的背景设置为选区，然后按下快捷键Ctrl+Shift+I，将选区进行反选，就可以将文字和人物作为选区了02。

02 切换到"通道"面板中，单击底部的"将选区存储为通道"按钮▣，即可将设置的选区保存到通道中，然后取消选区，默认的名称为"Alpha 1"03 04。

> **问答：** 为什么Alpha通道中的图像会显示为黑色和白色？
>
> 在Alpha通道中，黑色代表非选区，白色代表对图像所做的选区部分，如果对图像进行了羽化，那么黑、白图像间是渐变的效果。

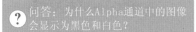

03 当需要用到刚才所做的图像选区时，只需单击"通道"面板下方的"将通道作为选区载入"按钮▣，就可以将通道转换为选区05，切换到"图层"面板中，即可编辑图像的选区部分06。

15.2.2 复制与删除通道

打开一个图像，切换到"通道"面板中 07，将一个通道拖动到"通道"面板中的"创建新通道"按钮 上，可以复制该通道 08；在"通道"面板中选择需要删除的通道，单击"删除当前通道"按钮 ，可以将其删除，用户也可以直接将通道拖动到该按钮上进行删除 09。

复合通道不能被复制，也不能被删除。颜色通道可以被复制，但如果删除了，图像就会自动转换为多通道模式。

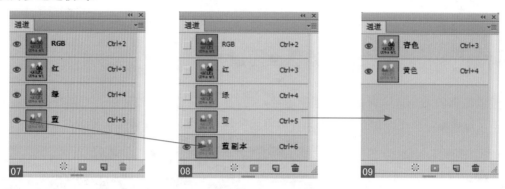

15.2.3 用Alpha通道保护图像内容

在使用"内容识别比例"命令缩放图像时，如果Phtoshop不能识别重要的对象，并且单击"保护肤色"按钮也不能改善变形效果，可以通过Alpha通道指定哪些重要内容需要保护。

关 键 词：用Alpha通道保护图像内容
适用对象：平面设计师
适用版本：CS4、CS5、CS6、CC
实例功能：用Alpha通道保护人物图像，只变换背景的图像

原始文件：Chapter15\Media\15-3-7.jpg
最终文件：Chapter15\Complete\15-3-7.psd

01 打开"15-3-7.jpg"文件，将"背景"图层转换为普通图层。然后执行"编辑>内容识别比例"命令，显示定界框，向左侧拖动控制点，使画面变窄，发现人物发生了变形 10。单击选项栏中的"保护肤色"按钮 ，可以看到人物变形更加严重，而且石头也发生了变化 11。

02 按Esc键取消变形，然后选择快速选择工具，在人物上单击并拖动鼠标将人物选中 **12**。单击"通道"面板中的 ▣ 按钮，将选区保存为Alpha通道 **13**，并取消选区。

03 执行"编辑>内容识别比例"命令 **14**，向左侧拖动控制点，使画面变窄，再单击"保护肤色"按钮，使该按钮弹起，将石头恢复为正常状态 **15**。

04 在选项栏的"保护"下拉列表中选择所创建的通道，用Alpha1通道限定变形区域，可见通道中的白色区域所对应的图像（人物）受到保护，没有变形 **16** **17**。

05 调整图像的变形效果之后，按Enter键确认操作，再利用裁剪工具将透明区域裁掉 **18**，就可以用Alpha通道保护图像内容了 **19**。

● 光盘路径

Chapter15\Media

Section

15.3

● Level
◇◇◇

● Version
CS4、CS5、CS6、CC

通道与抠图

Keyword ● 利用通道抠取图像

在图像处理中，抠图是非常重要的工作，抠选的图像是否准确、彻底是影响图像合成效果真实性的关键。通道是非常强大的抠图工具，用户可以通过它将选区存储为灰度图像，再使用各种绘画工具、选择工具和滤镜工具来编辑通道，制作出精确的选区。

利用通道抠出复杂图像是一个重要的操作过程，往往会将人物的头发、极光等细小的图像与背景分离。本例主要讲解利用通道抠出人物以及头发，然后为其更换背景的方法。

关 键 词：抠取图像
适用对象：平面设计师
适用版本：CS4、CS5、CS6、CC
实例功能：利用通道抠出人物以及头发，然后更换背景

原始文件：Chapter15\Media\15-5-1.jpg...
最终文件：Chapter15\Complete\15-5-1.psd

01 按下快捷键Ctrl+O，打开 "15-5-1.jpg" 文件**01**，然后按下快捷键Ctrl+J，通过拷贝的图层新建一个 "图层1" 图层，以便操作时不破坏原图**02**。

02 选中 "图层1" 图层，执行 "图像>调整>亮度/对比度" 命令，弹出 "亮度/对比度" 对话框，设置 "亮度值" 为-12、"对比度" 值为100**03**，单击 "确定" 按钮**04**。

03 打开 "通道" 面板，逐一单击颜色通道，仔细观察哪一个颜色通道的图像部分与背景的对比度强。在此图像中，发现蓝色通道的对比度较明显，将蓝色通道选中并拖曳至 "通道" 面板下面的 "创建新通道" 按钮上，将其复制**05** **06**。

04 按下快捷键Ctrl+L，弹出"色阶"对话框，调整蓝色通道的对比度**07**，调整好之后单击"确定"按钮**08**。

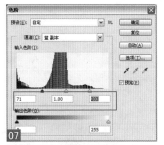

05 选择画笔工具，将前景色设置为黑色，在选项栏中设置相关参数，然后在图像中涂抹，将人物的脸部以及身体的其他部位涂抹为黑色**09**，再次利用"色阶"命令**10**调整图像的亮度**11**。

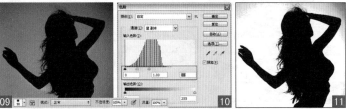

06 按下快捷键Ctrl+I，将图像反相显示**12**，这样会使图像中的人物显示为白色，也就是说，人物可被视为选区的范围。同时，用户还可以利用黑色的画笔将背景涂抹为黑色。再利用减淡工具在人物的发梢处进行涂抹，使其更加清晰**13**。

07 单击"通道"面板下面的"将通道作为选区载入"按钮，将通道转换为选区**14**，然后单击"图层"面板中的"背景"图层，用通道选区限定图像的范围**15**。

08 打开"15-5-2.jpg"文件**16**，将人物选区拖入该文件中，并且调整人物的大小与位置**17**。

09 按住Ctrl键单击"创建新图层"按钮，在"图层1"图层的下方新建一个"图层2"图层，并填充为白色。然后设置该图层的不透明度为25%，使房间的颜色变得模糊，这样就可以更加突出人物**18 19**。

143

第16章

蒙版的应用

　　蒙版，就是蒙在上面的一块板，用于保护某一部分不被操作，使用户更精准地抠图，得到更真实的边缘和效果。使用蒙版，可以将 Photoshop 的功能发挥到极致，并且可以在不改变图层中原有图像的基础上制作出各种特殊的效果。应用蒙版可以使这些更改永久生效，或者删除蒙版不应用更改。

● 光盘路径

Chapter16\Media

Section

16.1

● Level

◇◇◇

● Version

CS4、CS5、CS6、CC

蒙版总览

| Keyword | ● 蒙版 |

　　蒙版是用于合成图像的重要功能，它可以隐藏图像内容，但不会将其删除，因此，用蒙版处理图像是一种非破坏性的编辑方式。**01**为打开的原图，**02**为图层添加蒙版后的图像效果。

16.1.1　蒙版的类型

　　Photoshop提供了3种蒙版，即图层蒙版**03**、剪贴蒙版**04**和矢量蒙版**05**。图层蒙版通过蒙版中的灰度信息来控制图像的显示区域；剪贴蒙版通过一个对象的形状来控制其他图层的显示区域；矢量蒙版则通过路径和矢量形状控制图像的显示区域。

16.1.2　调整蒙版选项

　　"属性"面板用于调整所选图层的图层蒙版和矢量蒙版中的不透明度和羽化范围等参数**06**。

> **!** 提示：打开"属性"面板的方法
>
> 执行"窗口>属性"命令，即可打开"属性"面板；当对某个图层添加调整图层时，也会自动打开"属性"面板。

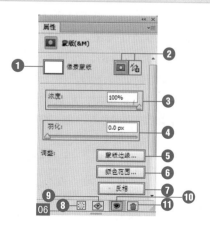

❶当前选择的蒙版：显示了在"图层"面板中选择的蒙版的类型，此时可在"属性"面板中对其进行编辑。07 08 09 为图像、"图层"蒙版和"属性"面板之间的关系。

❷添加像素蒙版/添加矢量蒙版：单击"添加像素蒙版"按钮⬚，可以为当前图层添加图层蒙版；单击"添加矢量蒙版"按钮⬚，则添加矢量蒙版。

❸浓度：拖动滑块可以控制蒙版的不透明度以及蒙版的遮盖强度。用户可以利用黑色的画笔将蒙版的范围进行更改，以便加以对比10。11是浓度为0%的效果；12是浓度为50%的效果；13是浓度为100%的效果。

❹羽化：拖动滑块可以柔化蒙版的边缘。14是羽化值为10px的图像效果；15是羽化值为30px的图像效果；16是羽化值为50px的图像效果；17是羽化值为100px的图像效果。

❺蒙版边缘：单击该按钮，可以弹出"调整蒙版"对话框修改蒙版边缘，并针对不同的背景查看蒙版。这些操作与调整选区边缘基本相同。

❻颜色范围：单击该按钮，可以弹出"色彩范围"对话框，通过在图像中取样并调整颜色容差可修改蒙版范围。

❼反相：可反转蒙版的遮盖区域。18为原图效果；19为对蒙版进行反相后的图像效果。

❽从蒙版中载入选区：单击该按钮，可以载入蒙版中包含的选区。

❾应用蒙版：单击该按钮，可以将蒙版应用到图像中，同时删除被蒙版遮盖的图像。

❿停用/启用蒙版：单击该按钮，或按住Shift键单击蒙版的缩略图，可以停用（或者重新启用）蒙版。停用蒙版时，蒙版缩览图上会出现一个红色的叉号20。

⓫删除蒙版：单击该按钮，可以将所选图层中的蒙版删除。

● 光盘路径

Chapter16\Media

Section 16.2 图层蒙版

● Level
◇◇◇
● Version
CS4、CS5、CS6、CC

Keyword ● 图层蒙版

图层蒙版主要应用于合成图像。此外，用户在创建调整图层、填充图层或者应用智能滤镜时，Photoshop也会自动为其添加图层蒙版，因此，图层蒙版可以控制颜色调整和滤镜范围。

图层蒙版凭借强大的优势在图像合成领域占有重要的地位，用户可以通过菜单命令和"图层"蒙版中的按钮快速创建图层蒙版。

01 按下快捷键Ctrl+O，打开"16-2-2.jpg"文件**01**，然后按照同样的方法打开"16-2-3.jpg"文件**02**。

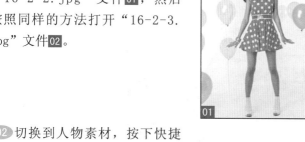

02 切换到人物素材，按下快捷键Ctrl+A，将其全选，然后利用移动工具将选区拖入另一个文件中，生成"图层1"**03**，并利用"自由变换"命令调整图像的大小与位置**04**。

03 单击"图层"面板中的 按钮，为该图层添加图层蒙版**05**。由于白色蒙版不会遮盖图像，设置前景色为黑色，然后选择画笔工具 ，并在选项栏中设置画笔的参数**06**。

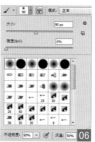

知识链接

此处讲解了创建图层蒙版的方法，与此相关的内容有创建矢量蒙版的方法，详细讲解请参阅"16.3.1 创建矢量蒙版"小节。

04 将人物的背景涂抹黑色，用蒙版遮盖图像。如果涂抹到了人物面部等区域，可以将前景色设置为白色，用白色绘制可以重新显示图像**07** **08**。

● 光盘路径

Chapter16\Media

Section

16.3

● Level
◇◇◇
● Version
CS4、CS5、CS6、CC

矢量蒙版

Keyword　● 矢量蒙版

矢量蒙版是由钢笔、自定形状等矢量工具创建的蒙版（图层蒙版和剪贴蒙版都是基于像素的蒙版），它与分辨率无关，常用来制作Logo、按钮或其他Web设计元素。无论图像自身的分辨率是多少，只要使用了该蒙版，都可以得到平滑的轮廓。

16.3.1　创建矢量蒙版

相对于图层蒙版和剪贴蒙版来说，矢量蒙版不经常使用。其创建方法比较特殊，在用户绘制好路径以后，可以利用菜单命令或功能键结合按钮来创建。

01 按下快捷键Ctrl+O，打开"16-3-1.psd"文件01 02。

02 选择椭圆工具●，在选项栏中单击[路径]右边的小三角，在弹出的下拉列表中选择"路径"选项，然后在画面中单击并拖动鼠标绘制椭圆路径03 04。

03 执行"图层>矢量蒙版>当前路径"命令，或者按住Ctrl键单击"添加蒙版"按钮□，即可基于当前路径创建矢量蒙版，路径区域外的图像会被蒙版遮盖05 06。

16.3.2 为矢量蒙版添加图像和效果

01 在"图层"面板中单击矢量蒙版的缩略图，将其选中，它的缩览图外面会出现一个白色的框，此时画面中会显示出矢量图形 07 08。

02 选择自定形状工具，在"形状"下拉面板中选择"星爆"形状，在选项栏中选择"路径"，并且在"路径操作"下拉菜单中选择"排除重叠图形"选项，绘制星爆图形，可以将它添加到矢量蒙版中 09 10。

03 执行"图层>图层样式>投影"命令，弹出"图层样式"对话框，在右侧设置投影的相关参数 11，然后切换到"斜面和浮雕"选项中，设置其参数 12，单击"确定"按钮，对矢量图形应用图层样式效果，最后将路径隐藏 13 14。

16.3.3 编辑矢量蒙版中的图形

在创建矢量蒙版以后，可以使用路径选择工具移动路径或用直接选择工具修改路径，从而改变蒙版的遮盖区域，接下来继续使用上面的文件进行操作。

01 选择矢量蒙版，在画面中会显示矢量图形。利用路径选择工具 单击画面右侧中间的星爆图形，将其选择，然后按下Delete键将其删除 15 16。

02 利用路径选择工具 ▶ 选中左上角的星爆图形，并且拖动鼠标，将其向下方移动 17 18 。

03 选择直接选择工具，单击左侧星爆图形中的一个锚点，将该锚点选中，然后移动该锚点的位置 19 ，并按照同样的方法移动其他锚点的位置 20 。

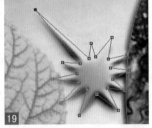

04 除了移动锚点的位置、改变星爆形状之外，用户还可以选中要删除的锚点，按下 Delete 键将其删除 21 ；同时可以利用转换点工具 ▶ 调整锚点的属性，并且改变星爆图形的形状 22 。

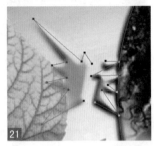

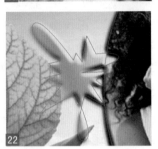

16.3.4 将矢量蒙版转换为图层蒙版

选择矢量蒙版所在的图层，执行"图层>栅格化>矢量蒙版"命令 23 ，可将其栅格化，转换为图层蒙版 24 。

(!) 提示：矢量蒙版的创建与删除

在创建了图层蒙版之后，执行"图层>矢量蒙版>显示全部"命令，可以创建一个显示全部图像内容的矢量蒙版 25 ；执行"图层>矢量蒙版>隐藏全部"命令，可以创建隐藏全部图像的矢量蒙版 26 。
选择矢量蒙版，执行"图层>矢量蒙版>删除"命令，或将矢量蒙版拖动到"删除图层"按钮上，可以删除矢量蒙版 27 。

● 光盘路径
Chapter16\Media

剪贴蒙版

Section

16.4

● Level
◇◇◇
● Version
CS4、CS5、CS6、CC

Keyword	● 剪贴蒙版

剪贴蒙版可以用一个图层中包含像素的区域来限制它上层图像的显示范围。其最大的优点是可以通过一个图层控制多个图层的可见内容，而图层蒙版和矢量蒙版都只能用于控制一个图层。

在某些情况下，利用剪贴蒙版可以制作出与图层蒙版同样的效果，接下来讲解创建剪贴蒙版的方法。

01 按下快捷键Ctrl+O，打开素材"16-4-1.psd"文件 01，首先选择"文字"图层，然后将"花纹"图层隐藏 02。

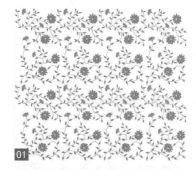

02 选择魔棒工具 ，将"文字"图层中的黑色图像设定为选区 03，然后按下Delete键将其删除，并按下快捷键Ctrl+D取消选区 04。

03 单击"花纹"图层前面的眼睛图标 ，将该图层显示，然后按下快捷键Ctrl+Alt+G创建剪贴图层 05，用其下方的"文字"图层中的图像内容限制"花纹"图层中的显示范围 06。

04 按下快捷键Ctrl+T，等比例缩小花纹图像，如果有必要，还可以移动该图层的位置 07，并设置该图层的不透明度为75%，08 为图像的最终效果。

第 17 章

滤镜的应用

　　利用"滤镜"菜单中的命令可以将普通的图像转眼间变为非凡的视觉效果图像，这就是滤镜独有的强大功能。在Photoshop CC 中，有传统滤镜和一些新滤镜，每一种滤镜又提供了多重细分的滤镜效果，为用户处理位图提供了极大的方便。本章内容丰富、有趣，用户可以按照实例步骤进行制作。

● 光盘路径

Chapter17\Media

Section

17.1

● Level
◇◇◇

● Version
CS4、CS5、CS6、CC

初识滤镜

Keyword ● 滤镜的使用技巧

滤镜是Photoshop中最具吸引力的功能之一，它就像一个魔术师，可以把普通的图像变为非凡的视觉艺术作品。滤镜不仅可以制作各种特效，还能模拟素描、油画、水彩等绘画效果。在这一章中，我们来详细了解各种滤镜的特点与使用方法。

17.1.1 "滤镜"菜单

滤镜是一些经过专门设计用于产生图像特殊效果的工具，就好像是许多特制的眼镜，分别戴上它们后所看到的图像会有各种特定的效果。本节为大家推荐几个经典的滤镜效果。

当用户对图片进行独特的效果设置时，经常会用到滤镜选项，以下是滤镜菜单**01**中的一些独特的效果功能。

❶风格化：在图像上应用质感或亮度，在样式上产生变化。

❷画笔描边：用画笔表现绘画效果。

❸模糊：将像素的表现设置为模糊状态，可以在图像上表现速度感或晃动的效果。

❹扭曲：移动构成图像的像素进行变形、扩展或缩小，可以将原图像变形为各种形态。

❺锐化：将模糊的图像制作为清晰的效果，提高主像素的颜色对比值，使画面更加明亮、细腻。

❻视频："视频"子菜单中包含"逐行"滤镜和"NTSC 颜色"滤镜。

❼素描：使用钢笔或者木炭等将图像制作成好像草图一样的效果。

❽纹理：为图像赋予质感，除了基本材质外，用户可以直接制作并保存，然后在图像上应用滤镜效果。

❾像素化：变形图像的像素，重新构成，可以在图像上显示网点或者表现出铜版画的效果。

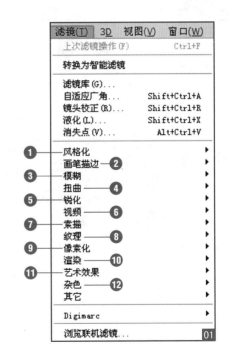

❿渲染：在图像上制作云彩形态，或者设置照明、镜头光晕效果，制作出各种特殊效果。

⓫艺术效果：设置绘画效果的滤镜。

⓬杂色：在图像上提供杂点，设置效果或者删除由于扫描所产生的杂点。

17.1.2 滤镜的使用技巧

每次执行完一个滤镜命令后，"滤镜"菜单的第一行便会出现该滤镜的名称02，单击它或按下快捷键Ctrl+F可以快速地应用这一滤镜。如果要对该滤镜的参数做调整，可以按下快捷键Alt+Ctrl+F，弹出该滤镜的对话框重新设置参数。

在任意滤镜对话框中按住Alt键，"取消"按钮都会变成"复位"按钮03，单击"复位"按钮可以将参数恢复到初始状态。

在应用滤镜的过程中如果要终止处理，可以按下Esc键。

使用滤镜时通常会打开滤镜库或相应的对话框，在预览框中可以预览滤镜效果，单击 ─ 或 + 按钮可以放大或缩小显示比例04；单击并拖动预览框中的图像，可以移动图像05，如果想要查看某一区域内的图像，可以在文档中单击，此时滤镜预览框中会显示单击处的图像06。

问答：为什么选择多个图层以后不能同时对它们应用滤镜？

在Photoshop中，滤镜、绘画工具、加深、减淡、涂抹、污点修复画笔等修饰工具只能处理当前选择的一个图层，不能同时处理多个图层，而移动、缩放和旋转等变换操作，可以对多个选定的图层同时处理。

处理图像后，执行"编辑>渐隐"命令可以修改滤镜效果的混合模式和不透明度。07为使用"添加杂色"滤镜处理的图像；08为使用"渐隐"命令编辑后的效果。"渐隐"命令必须在进行编辑操作后立即执行，如果这中间又进行了其他操作，则无法执行该命令。

● 光盘路径
Chapter17\Media

Section

17.2

智能滤镜

● Level
◇◇◇
● Version
CS4、CS5、CS6、CC

Keyword　● 智能滤镜

滤镜需要修改像素才能呈现特效；智能滤镜则是一种非破坏性的滤镜，可以达到与普通滤镜完全相同的效果，但它是作为图层效果出现在"图层"面板中的，因此不会真正改变图像中的任何像素，并且可以随时修改参数，或者删除掉。

17.2.1　智能滤镜与普通滤镜的区别

在Photoshop中，普通滤镜是通过修改像素来生成效果的。**01**为打开的图像文件，**02**为使用"调色刀"滤镜处理后的效果。从"图层"面板中可以看到，"背景"图层的像素被修改了，如果将图像保存并关闭，就无法恢复为原来的效果了。

智能滤镜则是一种非破坏性的滤镜，它将滤镜效果应用于智能对象上，不会修改图像的原始数据。**03**为智能滤镜的处理结果，可以看到，它与普通"调色刀"滤镜的图层效果完全相同。

知识链接

此处讲解了智能滤镜的优势。如果该图层是智能图层，则可以直接对其应用滤镜效果，而不必将其转换为智能对象，关于智能图层的详细讲解请参考"5.3　智能对象"一节。

提示:智能滤镜的范围

除"液化"和"消失点"之外，任何滤镜都可以作为智能滤镜应用，这其中也包括支持智能滤镜的外挂滤镜。此外，"图像>调整"菜单中的"阴影/高光"和"变化"命令也可以作为智能滤镜来应用。

知识扩展

在使用一个滤镜以后，可以执行"编辑>渐隐"命令修改滤镜的不透明度和混合模式。但该命令必须在应用滤镜以后马上执行，否则不能使用。而智能滤镜不同，用户可以随时双击智能滤镜旁边的编辑混合选项图标 ☰ 修改不透明度和混合模式。

17.2.2　修改智能滤镜

使用智能滤镜可以制作各种各样的图像效果，且不会影响原图的效果，接下来利用上一小节的图像来讲解修改智能滤镜的方法。

01 按下快捷键Ctrl+O，打开"17-2-1.jpg"文件 **04**。然后在"图层"面板的"背景"图层上单击鼠标右键，在弹出的快捷菜单中选择"转换为智能对象"命令，将"背景"图层转换为智能对象 **05**。

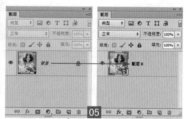

02 设置前景色为黄色，执行"滤镜>素描>绘图笔"命令，在弹出的"绘图笔"对话框中设置相关参数 **06**，然后单击"确定"按钮，即可对图像应用智能滤镜效果 **07** **08**。

03 双击"绘画笔"智能滤镜，重新打开"绘画笔"对话框，修改参数 **09**。双击智能滤镜旁边的编辑混合选项图标 ，会弹出"混合选项"对话框，设置该滤镜的不透明度和混合模式 **10** **11**。

17.2.3   利用"油画"命令制作荷花油画

"油画"命令是Photoshop CC中新增的一个功能,利用该命令可以快速地将一张普通的图像制作为油画效果,本例将荷叶图像制作为油画效果。

关 键 词:"油画"命令
适用对象:广告设计师、图像后期处理人员
适用版本:CS6、CC
实例功能:用"油画"命令将普通图像制作为油画效果

原始文件: Chapter17\Media\17-2-2.jpg
最终文件: Chapter17\Complete\17-2-2.jpg

01 按下快捷键Ctrl+O,打开"17-2-2.jpg"文件**12**,然后按下快捷键Ctrl+J,通过拷贝的图层新建"图层1"图层,以便操作时不破坏原图**13**。

> **① 提示:正确使用"油画"命令**
>
> 如果要使用"油画"命令,必须选择"使用图形处理器"复选框,方法是执行"编辑>首选项>性能"命令,弹出"首选项"对话框,选择"使用图形处理器"复选框。

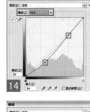

02 按下快捷键Ctrl+M,弹出"曲线"对话框,调整曲线的相关参数**14** **15**,然后单击"确定"按钮,就可以调整荷花了**16**。

03 执行"滤镜>油画"命令,弹出"油画"对话框,在该对话框中设置相关参数**17**,然后单击"确定"按钮,将图像制作为油画效果**18**。

常用滤镜效果的应用

● 光盘路径

Chapter17\Media

Keyword ● 各种滤镜效果

在了解了滤镜的基本操作方法之后，接下来学习Photoshop中自带的不同滤镜组的相关知识，利用其中的滤镜命令，可以快速地实现不同的艺术图像效果。

17.3.1 风格化滤镜组

在风格化滤镜组中，各滤镜的应用原理是通过置换像素并且查找和提高图像中的对比度产生一种绘画式或印象派艺术效果。

1. 查找边缘

使用"查找边缘"滤镜能查找图像中主色块颜色变化的区域，并对查找到的边缘轮廓进行描边，从而使图像看起来像是使用彩色画笔勾勒后的效果，具有明显的轮廓。01 02 分别为原图像和应用该滤镜后的图像效果。

2. 等高线

该滤镜拉长图像的边线部分，找到颜色的边线，用阴影颜色表现，其他部分则用白色表现。03 为原图像应用该滤镜后的图像效果。

❶ 色阶：设置边线的颜色等级。

❷ 边缘：选择边线的显示方法。

3. 风

该滤镜在图像上设置好像风吹过的效果。04 为原图像应用该滤镜后的图像效果。

❶ 方法：调整风的强度，可以选择风、大风或飓风。

❷ 方向：设置风吹的方向。

4. 浮雕效果

该滤镜在图像上应用明暗，表现出浮雕效果，图像的边线部分显示出颜色，表现出立体感。05为原图像应用该滤镜后的图像效果。

❶ 角度：设置光的角度。

❷ 高度：设置图像中表现的层次高度值。

❸ 数量：设置滤镜效果的应用程度，范围为1~50。

5. 扩散

该滤镜使图像的像素具有绘画的感觉。06为原图像应用该滤镜后的图像效果。

❶ 正常：在整个图像上应用滤镜效果。

❷ 变暗优先：以阴影部分为中心，在图像上应用具有绘画感觉的变化。

❸ 变亮优先：以高光部分为中心，在图像上应用具有绘画感觉的变化。

❹ 各向异性：柔和地表现图像。

6. 拼贴

该滤镜把图像处理为马赛克瓷砖形态。07为原图像应用该滤镜后的图像效果。

❶ 拼贴数：设置瓷砖的个数。

❷ 最大位移：设置瓷砖之间的空间。

❸ 填充空白区域用：设置瓷砖之间空间的颜色处理方法。

7. 曝光过度

"曝光过度"滤镜可以混合负片和正片图像，模拟出摄影中增加光线强度所产生的过度曝光效果，该滤镜无对话框。 08 09 分别为原图像和应用该滤镜后的图像效果。

8. 凸出

该滤镜通过矩形或金字塔形态突出表现图像的像素。 10 为原图像应用该滤镜后的图像效果。

❶ 类型：选择被突出的形态。

❷ 大小：设置被突出像素的大小。

❸ 深度：设置被突出的程度。

❹ 立方体正面：用图像颜色填充块的颜色。

❺ 蒙版不完整块：不对边缘应用效果。

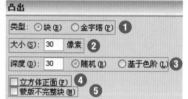

9. 照亮边缘

该滤镜在图像的轮廓部分设置好像霓虹灯一样的发光效果。 11 为原图像应用该滤镜后的效果。

❶ 边缘宽度：值越大，轮廓越粗。

❷ 边缘亮度：值越大，表现边线部分的颜色越亮。

❸ 平滑度：值越大，表现出来的滤镜效果越柔和。

17.3.2　模糊滤镜组

该类滤镜用于对图像进行柔和处理，可以将像素的表现设置为模糊状态，在图像上表现速度感或晃动的感觉。通常使用选择工具选择特定图像以外的区域，应用模糊效果，强调要突出的部分。

1.场景模糊

该滤镜借助图像上的控件快速对图像进行模糊，在"模糊工具"面板中可设置模糊的范围，并且在"模糊效果"面板中可设置散景的光源、颜色以及光照范围等参数，图像表现出整体模糊的效果。12 13 14分别为图像应用该滤镜设置的模糊工具和模糊效果参数以及图像效果。

2.光圈模糊

该滤镜可将一个或多个焦点添加到图像中。移动图像控件，可以改变焦点的大小与形状、图像其余部分的模糊数量以及清晰区域和模糊区域之间的过渡效果。15 16 17分别为图像应用该滤镜设置的模糊工具和模糊效果参数以及图像效果。

3.倾斜偏移

在"模糊工具"面板中可设置模糊的扩散范围和扭曲度，并且在"模糊效果"面板中可设置散景的光源、颜色以及光照范围等参数。图像表现出从中心向两侧扩散的效果。18 19 20分别为图像应用该滤镜设置的模糊工具和模糊效果参数以及图像效果。

4. 高斯模糊

"高斯模糊"滤镜可以添加低频细节，使图像产生一种朦胧效果。通过调整"半径"值可以设置模糊的范围，它以像素为单位，值越高，模糊效果越强烈，半径值范围为0.1~250。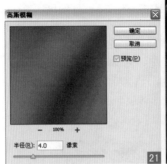 为应用该滤镜所设置的模糊参数以及模糊效果。

5. 动感模糊

该滤镜在特定方向上设置模糊效果，一般用于表现速度感。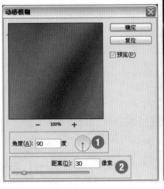为原图像应用该滤镜后的效果。

❶ 角度：输入角度，设置模糊的方向值。

❷ 距离：设置距离值，设置图像的残像长度，距离值越大，图像的残像长度越长，速度感的效果就会越强。

6. 表面模糊

该滤镜能够在保留边缘的同时模糊图像，可用来创建特殊效果并消除杂色或颗粒，用它为人像照片进行磨皮效果很好。为原图像应用该滤镜后的效果。

❶半径：用来指定模糊取样区域的大小。

❷阈值：用来控制相邻像素色调值与中心像素值相差多大时才能成为模糊的一部分，色调值差小于阈值的像素将被排除在模糊之外。

7. 方框模糊

该滤镜基于相邻像素的平均颜色值模糊图像，用于创建特殊效果，可以调整计算给定像素的平均值的区域大小，半径值越大，产生的模糊效果越好。 25　26 为应用该滤镜所设置的模糊参数以及模糊效果。

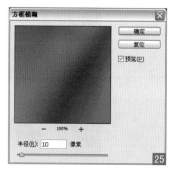

8. 进一步模糊

该滤镜应用多次模糊，表现更强烈的效果。和模糊滤镜一样，其表现出的效果也是好像焦距没有调准的模糊感觉。 27　28 分别为原图像和应用该滤镜后的图像效果。

9. 径向模糊

该滤镜表现以基准点为中心旋转图像的效果，或者是以画圆的方式迅速进入的效果。 29 为原图像应用该滤镜后的效果。

❶ 数量：设置模糊的应用程度。

❷ 模糊方法：设置效果的应用方法。

❸ 品质：设置结果的品质。

❹ 中心模糊：设置基准点。

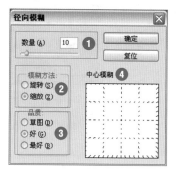

10. 镜头模糊

该滤镜表现好像使用照相机镜头似的模糊效果，还可以在图像上应用模糊的杂点。 30 为原图像应用该滤镜后的效果。

❶ 光圈：表现好像调整虹膜那样的模糊效果。

❷ 镜面高光：调整光的反射量。

❸ 杂色：在图像上添加杂点。

11. 模糊

该滤镜表现焦距好像没有调准而显得很模糊的效果，将构成图像的像素的边线颜色平均化。 31 32 分别为原图像和应用该滤镜后的图像效果。

12. 平均

该滤镜找出图像或选区的平均颜色，然后用该颜色填充图像或选区以创建平滑的外观。 33 34 分别为原图像和应用该滤镜后的图像效果。

13. 特殊模糊

该滤镜在除图像边线部分以外的其他部分，只在对比值低的颜色上设置模糊效果。 35 为原图像应用该滤镜后的图像效果。

❶ 半径：值越大，应用模糊的像素越多。

❷ 阈值：设置应用在相似颜色上的模糊范围。

❸ 品质：设置结果的品质。

❹ 模式：设置效果的应用方法。

14. 形状模糊

该滤镜使用指定的内核创建模糊。从自定形状预设列表中选取一种内核，并使用"半径"滑块调整其大小。通过单击三角形并从列表中进行选取，可以载入不同的形状库。半径决定了内核的大小，内核越大，模糊效果越好。 36 37 为使用该滤镜所设置的模糊参数以及模糊效果。

17.3.3　素描滤镜组

素描滤镜组中的滤镜适用于创建美术或手绘效果，许多素描滤镜在重绘图像时使用前景色和背景色，可以通过"滤镜库"应用所有的素描滤镜。

1. 半调图案

该滤镜将图像制作成中间模拟半调网屏的打印效果。38 为原图像应用该滤镜后的图像效果。

❶ 大小：值越大，图案越多。

❷ 对比度：值越大，颜色的对比值越大，图案图像显得更加清晰。

❸ 图案类型：可在3种图案中选择，可以得到绘画效果的图像。

2. 便纸条

该滤镜创建像是在手工制作的纸张上构建的图像，图像的暗区显示为纸张上层中的洞，使背景色显示出来。39 为原图像应用该滤镜后的图像效果。

❶ 图像平衡：值越大，图像的阴影部分越多。

❷ 粒度：值越大，应用在图像上的仿木纹效果越明显。

❸ 凸现：值越小，表现出来的仿木纹效果越柔和。

3. 粉笔和炭笔

该滤镜重绘高光和中间调，并使用粗糙的粉笔绘制纯中间调的灰色背景，阴影区域用对角方向的炭笔线条替换，炭笔用前景色绘制，粉笔用背景色绘制。40 为原图像应用该滤镜后的图像效果。

❶ 炭笔区：设置炭笔的表现范围。

❷ 粉笔区：设置粉笔的表现范围。

❸ 描边压力：设置线条的浓度。

4. 铬黄渐变

该滤镜在图像上表现金属合金的感觉，感觉高光部分向外凸，阴影部分向内凹。41 为原图像应用该滤镜后的图像效果。

❶ 细节：设置合金质感的表现程度。

❷ 平滑度：设置质感的柔和程度。

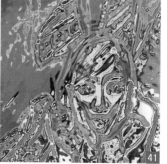

5. 绘图笔

该滤镜使用细的、线状的油墨描边，以捕捉原图像中的细节。对于扫描图像，其效果尤为明显。 42 为原图像应用该滤镜后的图像效果。

❶ 描边长度：值越大，笔划越长。

❷ 明/暗平衡：值越大，阴影部分越多。

❸ 描边方向：设置笔划的方向。

6. 基底凸现

该滤镜变换图像，使之呈现浮雕的雕刻状和突出光照下变化各异的表面，图像的暗区呈现前景色，浅色使用背景色。 43 为原图像应用该滤镜后的效果。

❶ 细节：设置滤镜的表现范围。

❷ 平滑度：设置质感的柔和程度。

❸ 光照：选择光的方向。

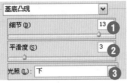

7. 石膏效果

该滤镜用立体石膏复制图像，然后使用前景色和主背景色为图像上色，较暗区域上升，较亮区域下沉。 44 为原图像应用该滤镜后的效果。

❶ 图像平衡：调节前景色和背景色之间的平衡。

❷ 平滑度：控制图像的圆滑程度。

❸ 光照：控制光照位置。

8. 水彩画纸

该滤镜产生有污点的、像画在潮湿的纤维纸上的效果，使颜色流动并混合。 45 为原图像应用该滤镜后的效果。

❶ 纤维长度：值越大，洇开的效果越明显。

❷ 亮度：值越大，图像的整体颜色越亮。

❸ 对比度：值越大，颜色的对比值越大，图案图像显得更加清晰。

9. 撕边

该滤镜重建图像，使之由粗糙、撕破的纸片状组成，然后使用前景色和背景色为图像着色。 46 为原图像应用该滤镜后的效果。

❶ 图像平衡：值越大，阴影部分越多。

❷ 平滑度：值越大，表现出的效果越柔和。

❸ 对比度：值越大，颜色的对比值越大。

10. 炭笔

该滤镜产生色调分离的涂抹效果，主要边缘以粗线条绘制，中间色调用对角描边进行勾画。47为原图像应用该滤镜后的效果。

① 炭笔粗细：设置炭笔的粗细。

② 细节：设置滤镜的表现程度。

③ 明/暗平衡：调整黑白的颜色均衡。

11. 炭精笔

该滤镜在图像上模拟浓黑和纯白的炭精笔纹理。48为原图像应用该滤镜后的图像效果。

① 前景色阶：设置前景色的颜色范围。

② 背景色阶：设置背景色的颜色范围。

③ 纹理：设置材质的种类。

12. 图章

该滤镜简化图像，使之看起来就像是用橡皮或木制图章创建的一样。49为原图像应用该滤镜后的图像效果。

① 明/暗平衡：值越大，阴影部分越多。

② 平滑度：值越大，表现的滤镜效果越柔和。

13. 网状

该滤镜模拟胶片乳胶的可控收缩和扭曲来创建图像，使之在阴影处呈结块状，在高光处呈轻微的颗粒化。50为原图像应用该滤镜后的图像效果。

① 浓度：值越大，生成的网点越紧凑。

② 前景色阶：值越大，前景色的颜色范围越大。

③ 背景色阶：值越大，背景色的颜色范围越大。

14. 影印

该滤镜模拟影印图像的效果，大的暗区趋向于只复制边缘四周，中间色调要么是纯黑色，要么是纯白色。51为原图像应用该滤镜后的图像效果。

① 细节：值越大，表现出来的图像越细腻。

② 暗度：值越大，阴影部分越多。

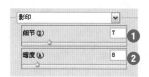

第 18 章

3D 图像处理

在 Photoshop CC 中，用户不仅可以进行图像处理、图像的
合成及修饰等基本操作，还可以直接用 Photoshop 进行 3D 图
像处理。Photoshop CC 支持多种 3D 文件格式，并且可以处理
和合并现有的 3D 对象、创建新的 3D 对象、编辑和创建 3D 纹
理及组合 3D 对象与 2D 图像。

● 光盘路径

Chapter18\Media

Section
18.1

● Level
◇◇◇

● Version
CS4、CS5、CS6、CC

3D 对象工具与 OpenGL

Keyword　● 3D 对象工具

使用3D对象工具可以修改3D模型的位置或大小，使用3D相机工具可以修改3D场景视图。如果用户的系统支持OpenGL，还可以使用3D轴操控3D模型。

1. 移动、旋转和缩放模型

使用3D对象编辑工具可以移动、旋转和缩放3D模型。在操作3D模型时，相机视图保持固定。打开一个含有3D图层的文件01，移动工具选项栏中的相关3D工具会被激活02。

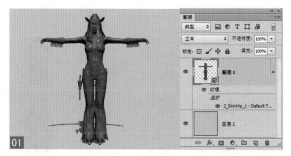

❶旋转3D对象：使用3D对象旋转工具 🖐 上下拖动可以使模型围绕其X轴旋转03；左右拖动可以围绕其Y轴旋转04；在按住Alt键的同时拖动可以滚动模型05。

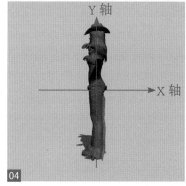
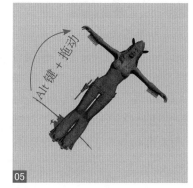

❷滚动3D对象：使用3D对象滚动工具 🔄 在两侧拖动可以使模型围绕其Z轴旋转。

❸拖动3D对象：使用3D对象平移工具 ➕ 在两侧拖动可以沿水平方向移动模型06；上下拖动可以沿垂直方向移动模型07；在按住Alt键的同时拖动可以缩放模型08。

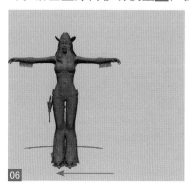
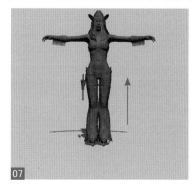

❹滑动3D对象：使用3D对象滑动工具 ✛ 左右拖动可沿水平方向移动模型09；上下拖动可将模型移近或移远10；在按住Alt键的同时拖动可沿X/Y方向移动11。

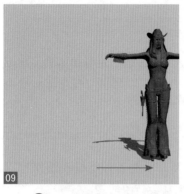

❺缩放3D对象：使用3D比例工具 👆 上下拖动可放大或缩小模型12 13；在按住Alt键的同时拖动可沿Z方向缩放14。

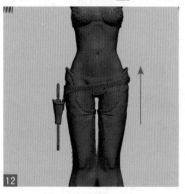
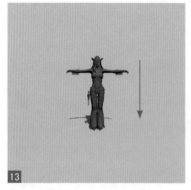

2. 关于OpenGL

OpenGL是一种软件和硬件标准，可在处理大型或复杂图像（如3D文件）时加速视频处理过程。在安装了OpenGL的系统中，打开移动和编辑3D模型时的性能将极大提高。如果系统中安装了OpenGL，则可在Photoshop首选项中启用它。其方法是执行"编辑>首选项>性能"命令或按下快捷键Ctrl+K，弹出"首选项"对话框，在左侧列表中选择"性能"选项，然后在右侧选择"启用OpenGL绘图"复选框15。

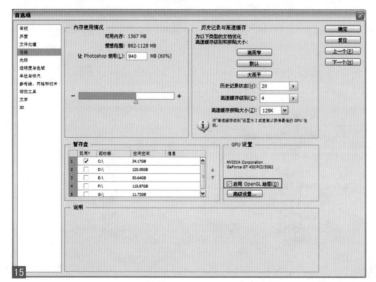

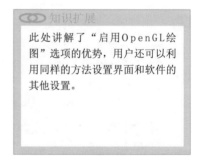

知识扩展

此处讲解了"启用OpenGL绘图"选项的优势，用户还可以利用同样的方法设置界面和软件的其他设置。

❓问答：未检测到OpenGL会出现什么情况？

如果未在系统中检测到OpenGL，则Photoshop使用只用于软件的光线跟踪渲染来显示3D文件。

● 光盘路径
Chapter18\Media

"3D" 面板

Section
18.2
● Level
◇◇◇
● Version
CS3、CS4、CS5、CC

Keyword　● 3D 场景、3D 网格、3D 材料

选择3D图层后，"3D"面板中会显示与之关联的3D文件组件，面板顶部列出了文件中的网络、材料和光源 **01**。

❶ 整个场景按钮：单击此按钮，显示所有的场景组件。

❷ 网格按钮：单击此按钮，可查看网络设置和"3D"面板底部的信息。

❸ 材质按钮：单击此按钮，可查看"3D"文件中所使用的材料信息。

❹ 光源按钮：单击此按钮，可查看在3D文件中所使用的所有光源组件及类型。

18.2.1　设置3D场景

使用3D场景可以设置渲染模式、选择要在其上绘制的纹理或创建横截面。打开一个3D模型，单击"3D"面板中的场景按钮，然后在页面上单击鼠标右键，就可以设置相关参数 **02**。

❶ 预设：单击右侧的双三角按钮，在弹出的下拉列表中指定模型的渲染预设，有20种模型可以选择。

❷ 横截面设置：选择"横截面"复选框后，可创建以所选角度与模型相交的平面横截面，这样可切入模型内部，查看里面的内容，同时也可用3D旋转工具旋转模型 **03** **04** **05**。

❸ 启用表面渲染：用来设置3D模型的显示样式。单击表面样式的三角按钮，在弹出的下拉菜单中有11种样式可以选择。

❹ 启用线条渲染：选择该复选框，可在模型表面显示出模型的渲染线。

❺ 启用顶点渲染：选择该复选框，可在模型的表面显示出模型的顶点，同时还可设置顶点的样式、颜色与半径参数。

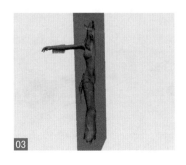
03

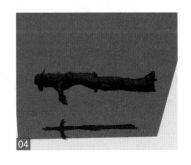
04

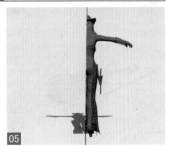
05

18.2.2　设置3D网格

单击"3D"面板顶部的网格按钮▦ 06，在图像窗口中单击鼠标右键，会显示 07 的选项，此时可设置相关参数。

❶捕捉阴影：在"光线跟踪"渲染模式下，控制选定的网格是否在其表面显示来自其他网格的阴影。

❷不可见：隐藏网格，但显示其表面的所有阴影。

❸投影：在"光线跟踪"渲染模式下，控制选定的网格是否在其他网格表面产生投影，但必须设置光源才能产生阴影。

❹不透明度：设置阴影的透明度。

18.2.3　设置3D材料

单击"3D"面板顶部的材质按钮▣，在图像窗口中单击鼠标右键，就会显示相关选项 08，可以设置相关参数。

"3D"面板顶部列出了在3D文件中使用的材料，用户可以使用一种或多种材料创建模型的整体外观。如果模型包含多个网格，则每个网格可能会有与之关联的特定部分的外观。 09 为材质的选项，其他图像均是为模型添加材质以后的预览效果（原图 10、棉织物 11、牛仔布 12、皮革（褐色） 13、趣味纹理 14、趣味纹理2 15、趣味纹理3 16、无纹理 17、有机物-橘皮 18、有机物-苔藓（合成） 19、黑缎 20、石砖 21、花岗岩 22、大理石 23、棋盘 24、木灰 25、巴沙木 26、软木 27、红木 28）。

对于在"3D"面板顶部选定的材料，在底部会显示该材料所使用的特定纹理映射。某些纹理映射（"漫射"和"凹凸"）通常依赖于2D文件提供创建纹理的特定颜色或图案。如果材料使用纹理映射，则纹理文件会列在映射类型旁边。

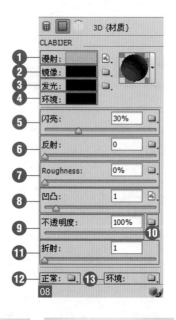

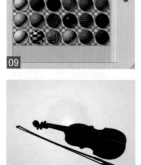

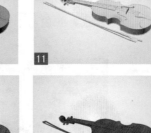

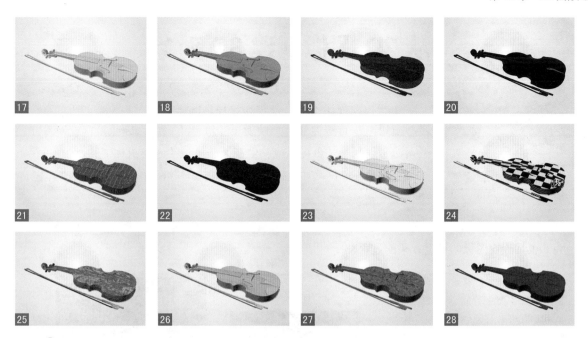

❶漫射：材质的颜色，可以是实色或任意的2D内容29。30为单击🔳按钮，然后载入一个图像文件贴在模型表面的效果。

❷镜像：可以为镜面属性设置显示的颜色，例如高光光泽度和反光度。

❸发光：定义不依赖于光照即可显示的颜色，可创建从内部照亮3D对象的效果。

❹环境：可储存3D模型周围环境的图像。环境映射会作为球面全景来应用，可以在模型的反射区域中看到环境映射的内容。

❺闪亮：定义"光泽度"设置所产生的反射光的散射。低反光度（高散射）产生更明显的光照，但焦点不足；高反光度（低散射）产生较不明显、更亮、更耀眼的高光。

❻反射：设置反射率，当两种反射率不同的介质（如空气和水）相交时，光线方向发生改变及产生反射。新材料的默认值是1.0（空气的近似值）。

❼Roughness：设置粗糙度。

❽凹凸：通过灰度图像在材质表面创建凹凸效果，但并不实际修改网格。灰度图像中较亮的值可创建突出的表面区域，较暗的值可创建平坦的表面区域。例如，31为在模型表面生成的凹凸效果。

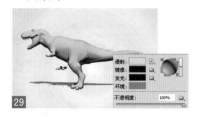
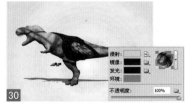
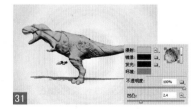

❾不透明度：用来增加或减少材质的不透明度。

❿纹理映射菜单图标🔳：单击该图标，将打开一个下拉菜单，用户可以选择该菜单中的命令创建、载入、打开、移去或编辑纹理映射的属性。

⓫折射：可增加3D场景、环境映射和材质表面上其他对象的反射。

⓬正常：像凹凸映射纹理一样，正常映射会增加表面细节。

⓭环境：设置在反射表面上可见的环境光的颜色。该颜色可以和用于整个场景的全局环境色相互作用。

从 2D 图像创建 3D 对象

Section
18.3

● Level
◇◇◇

● Version
CS4、CS5、CS6、CC

● 光盘路径
Chapter18\Media

Keyword ● 将 2D 图层转换为 3D 图层

由于模型视图不能提供与2D纹理之间一一对应的关系，所以直接在模型上绘画与直接在2D纹理映射上绘画是不同的，因此，直观地看3D模型无法明确判断是否可以成功地在某些区域绘画。执行"3D>选择可绘画区域"命令，可以选择在模型上可以绘画的最佳区域。

本例主要介绍对2D图像执行"明信片"命令之后，将普通图层转换为3D图层，并且利用相关3D工具改变图像的视觉效果的过程。

关　键　词："明信片"命令
适用对象：平面设计师
适用版本：CS5、CS6、CC
实例功能：利用"明信片"命令将2D图层转换为3D图层

原始文件：Chapter18\Media\18-3-1.jpg
最终文件：Chapter18\Complete\18-3-1.psd

01 执行"文件>打开"命令，打开"18-3-1.jpg"文件 **01**，选择要转换为3D对象的图层 **02**。

02 执行"3D>从图层新建网格>明信片"命令，即可创建3D明信片 **03**，对象的"漫射"纹理映射出现在"图层"面板中 **04**。

? 问答：如何将3D明信片作为表面平面添加到3D场景？

如果要将3D明信片作为表面平面添加到3D场景，首先将新3D图层与现有的包含其他3D对象的3D图层合并，然后根据需要进行对齐。此外，如果要保留新的3D内容，将3D图层以3D文件格式导出或以PSD格式存储。

03 使用3D对象旋转工具 旋转明信片，可以从不同的透视角度观察它 **05** **06**。

● 光盘路径
Chapter18\Media

Section 18.4

● Level
◇◇◇

● Version
CS4、CS5、CS6、CC

创建和编辑 3D 对象的纹理

Keyword ● 创建和编辑 3D 对象的纹理

在Photoshop中打开3D文件时，纹理作为2D文件与3D模型一起导入，它们的条目显示在"图层"面板中，嵌套于3D图层下方，并按照散射、凹凸、光泽度等类型编组。用户可以使用绘画工具和调整工具编辑纹理，也可以创建新的纹理。

本例讲解了为3D模型添加图案的过程，从而使单调的3D模型变得丰富多彩、更加形象。

关 键 词：为模型添加图案
适用对象：平面设计师
适用版本：CS5、CS6、CC
实例功能：为单调的3D手表添加花纹图案

原始文件：Chapter18\Media\18-4-1.jpg...
最终文件：Chapter18\Complete\18-4-1.psd

01 执行"文件>打开"命令，打开素材"18-4-1.jpg"文件**01**。在"图层"面板中双击任意默认纹理，该纹理会作为智能对象打开，并会新建一个窗口**02**。

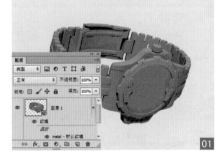

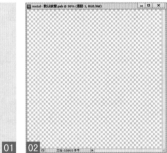

02 执行"文件>打开"命令，打开素材"18-4-2.jpg"文件**03**。然后使用移动工具将该图像拖动到3D纹理文档中，并且利用"自由变换"命令调整图像的大小**04**。

03 关闭"智能对象"窗口，会弹出一个对话框，单击"是"按钮**05**，存储对纹理所做的修改并应用到模型中，即可为手表添加图案**06**。

Section

18.5

● Level
◇◇◇
● Version
CS4、CS5、CS6、CC

存储和导出 3D 文件

Keyword ● 存储和导出 3D 文件

在Photoshop中编辑3D对象时，可以栅格化3D图层、将其转换为智能对象，或者与2D图层合并，也可以将3D图层导出，下面讲解存储或导出3D文件的相关知识。

1. 存储3D文件

编辑3D文件后，如果要保留文件中的3D内容，包括位置、光源、渲染模式和横截面，可以执行"文件>存储"命令，选择PSD、PDF或TIFF作为保存格式。

2. 导出3D图层

在"图层"面板中选择要导出的3D图层，执行"3D>导出3D图层"命令，弹出"存储为"对话框，在"格式"下拉列表中可以选择将文件导出为Collada（*.DAE）、Wavefront|OBJ（*.OBJ）、U3D（*.U3D）和Google Earth 4（*.KMZ）**01**。

3. 合并3D图层

选择两个或两个以上的3D图层，执行"3D>合并3D图层"命令，可以合并一个场景中的多个3D模型。合并后，可以单独处理每一个模型，或者同时在所有模型上使用位置工具和相机工具。

4. 合并3D图层和2D图层

打开一个2D文档，执行"3D>从文件新建3D图层"命令，在弹出的对话框中选择一个3D文件，并将其打开，即可将3D文件与2D文件合并。如果同时打开了一个2D文件和3D文件，则可以直接将一个图层拖入到另一个文件中。

5. 栅格化3D图层

在"图层"面板中选择3D图层，执行"图层>栅格化>3D"命令，或在"图层"面板的3D图层上单击鼠标右键，在弹出的快捷菜单中选择"栅格化"命令，即可将3D图层转换为普通的2D图层**02** **03**。

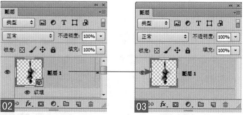

6. 将3D图层转换为智能对象

在"图层"面板中选择3D图层，在面板菜单中选择"转换为智能对象"命令**04**，可以将3D图层转换为智能对象。转换后，可保留3D图层中的3D信息，用户可以对其应用智能滤镜，或者双击智能对象图层，重新编辑原始的3D场景**05** **06**。

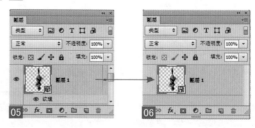

第 19 章

动作与批处理的应用

动作是用于处理单个文件或一批文件的一系列命令,批处理指成批地对图像进行相同的操作,本章介绍相关内容。

● 光盘路径
Chapter19\Media

Section 19.1 使用动作实现自动化

● Level
◇◇◇
● Version
CS4、CS5、CS6、CC

Keyword ● 录制动作

　　动作是用于处理单个文件或一批文件的一系列命令。在Photoshop中，用户可以将图像的处理过程通过动作记录下来，这样以后对其他图像进行相同的处理时，执行该动作就可以自动完成操作任务，下面详细了解如何创建和使用动作。

19.1.1 了解"动作"面板

　　"动作"面板**01**用于创建、播放、修改和删除动作。在"动作"面板的控制菜单中，底部包含了Photoshop预设的一些动作，选择一个动作**02**，可将其载入到面板中**03**。如果执行"按钮模式"命令，则所有的动作都会变为按钮状**04**。

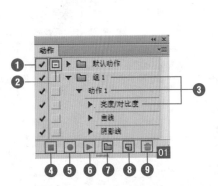

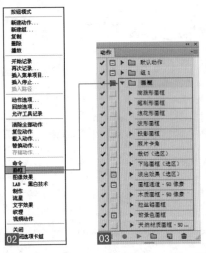

　　❶切换项目开关✔：如果动作组、动作和命令前显示该标志，表示这个动作组、动作和命令可以执行；如果动作组或动作前没有该标志，则表示该动作组或动作不能被执行；如果某一命令前没有该标志，则表示该命令不能被执行。

　　❷切换对话框开关▣：如果命令前显示该标志，则表示动作执行到该命令时会暂停，并弹出相应的对话框，此时可修改命令的参数，单击"确定"按钮可继续执行后面的动作；如果动作组或动作前出现该标志，并显示为红色▣，则表示该动作中有部分命令设置了暂停。

　　❸动作组/动作/命令：动作组是一系列动作的集合，动作是一系列操作命令的集合。单击命令前的▶按钮可以展开命令列表，显示命令的具体参数。

　　❹停止播放/记录■：用来停止播放动作和停止记录动作。

　　❺开始记录●：单击该按钮，可录制动作。

　　❻播放选定的动作▶：选择一个动作后，单击该按钮可播放该动作。

　　❼创建新组▢：可创建一个新的动作组，以保存新的动作。

　　❽创建新动作▣：单击该按钮，可创建一个新的动作。

　　❾删除▣：选择动作组、动作和命令后，单击该按钮，可将其删除。

19.1.2　可录制为动作的操作内容

在Photoshop中，使用选框、移动、多边形、套索、魔棒、裁剪、切片、魔术橡皮擦、渐变、油漆桶、文字、形状、注释、吸管和颜色取样器等工具进行的操作均可录制为动作。另外，在"色板""颜色""图层""样式""路径""通道""历史记录"和"动作"面板中进行的操作也可录制为动作。对于有些不能被记录的操作，可插入菜单项目或者停止命令。

下面介绍动作的播放技巧。

·按照顺序播放全部动作：选择一个动作，单击"播放选定的动作"按钮 ►，可按照顺序播放该动作中的所有命令。

·从指定命令开始播放动作：在动作中选择一个命令，单击"播放选定的动作"按钮 ►，可以播放该命令及后面的命令，它之前的命令不会播放。

·播放单个命令：按住Ctrl键双击"动作"面板中的一个命令，可单独播放该命令。

·播放部分命令：当动作组、动作和命令前显示切换项目开关 ✔ 时，表示可以播放该动作组、动作和命令。如果取消对某些命令的选择，则这些命令便不能够播放；如果取消对某一动作的选择，则该动作中的所有命令都不能够播放。

19.1.3　录制用于处理照片的动作

本例将利用Photoshop中的录制动作功能录制处理图像的操作过程，再将该过程应用于其他图像，将其他图像快速地制作成与该图像同样的效果。

关 键 词：录制动作
适用对象：图像后期处理人员
适用版本：CS5、CS6、CC
实例功能：利用录制动作功能记录所操作的图像过程

原始文件：Chapter19\Media\19-1-1.jpg...
最终文件：Chapter19\Complete\19-1-1.jpg

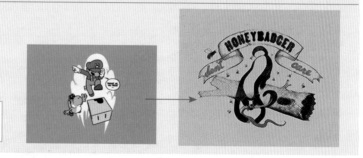

01 执行"文件>打开"命令，打开"19-1-1.jpg"文件 05，然后打开"动作"面板。单击"创建新组"按钮 □，弹出"新建组"对话框，然后输入动作组的名称，再单击"确定"按钮，新建一个动作组 06。

02 单击"创建新动作"按钮 ，弹出"新建动作"对话框，输入动作名称，将颜色设置为紫色**07**，然后单击"记录"按钮，开始录制动作。此时，"动作"面板中的"开始记录"按钮会变为红色**08**。

03 执行"图像>调整>色相/饱和度"命令，在"色相/饱和度"对话框中设置参数**09**，然后单击"确定"按钮，将该命令记录为动作**10**。

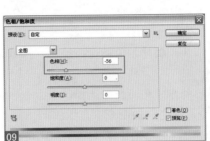

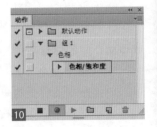

04 执行"滤镜>画笔描边>阴影线"命令，在"阴影线"对话框中设置参数**11**，然后单击"确定"按钮，将该命令记录为动作**12**。

05 按下快捷键Shift+Ctrl+S，将文件另存，然后关闭文件。单击"动作"面板中的"停止播放/记录"按钮 ，完成动作的录制**13**。由于在"新建动作"对话框中将动作设置为了紫色，在按钮模式下新建的动作显示为紫色，便于区分**14**。

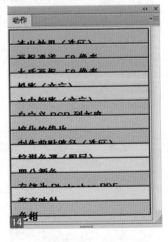

06 使用录制的动作处理其他图像。打开"19-1-2.jpg"文件**15**，选择"色相"动作，然后单击 按钮播放该动作。**16** 为经过动作处理的图像效果。当"动作"面板为按钮模式时，可单击一个按钮播放该动作。

19.1.4　在动作中插入命令

01 执行"文件>打开"命令，打开"19-1-3.jpg"文件**17**。单击"动作"面板中的"色相/饱和度"命令，将该命令选择，然后单击"开始记录"按钮 ⬤ 录制动作**18**，将在该命令后面添加新的命令。

02 执行"滤镜>模糊>高斯模糊"命令，设置相关参数**19**，然后关闭对话框。

03 单击"停止播放/记录"按钮 ⬛，停止录制，即可将高斯模糊图像的操作插入到"色彩平衡"命令的后面**20**。

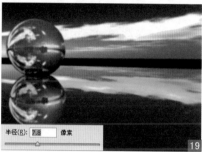

19.1.5　在动作中插入菜单项目

插入菜单项目是指在动作中插入菜单中的命令，这样就可以将许多不能录制的命令插入到动作中，例如绘画和色调工具、工具选项、"视图"菜单和"窗口"菜单中的命令等。

01 选择"动作"面板中的"高斯模糊"命令**21**，并单击"开始记录"按钮 ⬤ 录制动作，将在该命令后面插入菜单项目。

? 问答：动作不能保存怎么办？

用户经常遇到的问题是不能保存动作，此时"存储动作"命令为银灰状态，不能选择。出现此问题是用户选择错误所致，因为用户选择的是动作而不是动作组，所以不能保存。选择动作所在的动作组后，问题即可消失。

02 执行面板控制菜单中的"插入菜单项目"命令，弹出"插入菜单项目"对话框，执行"视图>显示>网格"命令**22**，然后单击"确定"按钮，显示网格的命令便可以插入到动作中**23**。

19.1.6　在动作中插入停止

在动作中插入停止是指让动作播放到某一步时自动停止，这样就可以手动执行无法录制为动作的任务，例如使用绘画工具进行绘制等。

01 选择"动作"面板中的"色相/饱和度"命令 **24**，将在该命令后面插入停止。

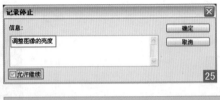

02 执行面板控制菜单中的"插入停止"命令，弹出"记录停止"对话框，输入提示信息，并选择"允许继续"复选框 **25**，单击"确定"按钮，即可将停止插入到动作中 **26**。

知识扩展

在播放动作时，执行完"色相/饱和度"命令后，动作就会停止，并弹出在"记录停止"对话框中输入的提示信息。单击"停止"按钮停止播放，就可以用画笔编辑图像，编辑完成后，可单击"播放选定的动作"按钮▶继续播放后面的命令；如果单击对话框中的"继续"按钮，则不会停止，而是继续播放后面的动作。

19.1.7　在动作中插入路径

在动作中插入路径是指将路径作为动作的一部分包含在动作内。插入的路径可以是用钢笔和形状工具创建的路径，或者是从 Illustrator 中粘贴的路径。

01 打开素材"19-1-4.jpg"文件，选择自定形状工具，在工具选项栏中单击 右边的小三角，在弹出的下拉列表中选择路径，这里选择"音乐"图形 **27**，然后在画面中绘制该图形 **28**。

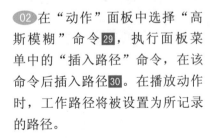

02 在"动作"面板中选择"高斯模糊"命令 **29**，执行面板菜单中的"插入路径"命令，在该命令后插入路径 **30**。在播放动作时，工作路径将被设置为所记录的路径。

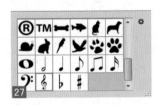

● 光盘路径
Chapter19\Media

自动化处理图像

Section 19.2

● Level
◇◇◇

● Version
CS3、CS4、CS5、CC

Keyword ● 批处理、快捷批处理

　　在Photoshop中，用户可以结合一些自动化操作命令对图像进行编辑操作。这些自动化命令包括"批处理""创建快捷批处理""裁剪并修齐照片"和Photomerge命令，本节主要介绍"批处理"和"创建快捷批处理"命令的具体用法。

19.2.1　批处理图像

　　批处理是指成批量地对图像进行相同的操作。此时需要使用Photoshop中"自动"下的"批处理"命令。

　　使用"批处理"命令可以结合"动作"面板中的相应动作命令将多步骤操作组合在一起，使其成为一个结合的命令效果，快速地应用于多张图像，同时对多张图像进行处理。

01 打开4个图像**01**，然后打开"动作"面板，将"调色"动作组中的"高斯模糊"命令拖动到"删除动作"按钮 🗑 上将其删除**02**。

02 执行"文件>自动>批处理"命令，弹出"批处理"对话框，在"播放"选项组中选择要播放的动作**03**，然后单击"选择"按钮，弹出"浏览文件夹"对话框，选择图像所在的文件夹**04**。

03 在"目标"下拉列表中选择"文件夹"，单击"选择"按钮，在弹出的对话框中指定完成批处理后文件的保存位置，然后关闭对话框，最后选择"覆盖动作中的'存储为'命令"复选框**05**。

04 单击"确定"按钮，Photoshop就会使用所选动作将文件夹中的所有图像都处理为调色效果**06** **07** **08** **09**。在批处理过程中，如果要终止操作，就可以按下Esc键。

19.2.2　创建快捷批处理

　　快捷批处理是创建批处理图像的另一种快捷方式，可以理解为结合动作命令，并将设置文件夹的操作进行简化，将相应的批处理操作存储为一个单独的图像处理图标，以便提高效率。

　　执行"文件>自动>创建快捷批处理"命令，弹出"创建快捷批处理"对话框**10**。单击"选择"按钮，弹出"存储"对话框。在其中指定快捷批处理动作的存储位置和名称，完成后单击"保存"按钮。此时在"选择"按钮后显示存储快捷批处理的目标地址**11**。继续在"播放"选项组中设置动作组合动作，完成后单击"确定"按钮。此时在存储路径处可以看到已创建的快捷批处理图标**12**。

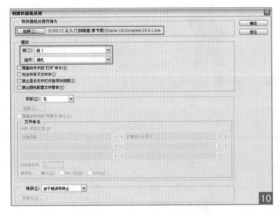 

　　在创建快捷批处理之后，可以在Photoshop中打开一幅图像**13**，在相同的存储位置将文件直接拖动到创建的"调色"快捷批处理图标上。此时软件将自动调整图像的效果**14**。

> **!** 提示：同时调整多张图像
>
> 在创建相应的快捷批处理图标后，在按住Ctrl键的同时单击选择多个图像，并且将其拖动到快捷批处理图标上，Photoshop会自动进行相应的调整操作。

第 20 章

数码照片之人像修饰

现在，数码相机已经成为越来越多家庭的必备物品，用数码相机可以在外出旅游、孩子成长、朋友聚会等场合记录下精彩瞬间，其中以人物为主题的照片肯定少不了。本章针对人像摄影这一领域详细讲解各类型人像照片的常用处理技巧，向读者生动地展示各种精美的人像照片后期处理的全过程。

Section
20.1
- Level ————
  ◇◇◇
- Version ————
  CS4、CS5、CS6、CC

影楼商业修片

● 光盘路径

Chapter20\Media

Keyword	● 色相 / 饱和度、色阶、亮度 / 对比度、曲线、可选颜色

　　大家应该都有过在影楼照相的经历，影楼照出来的照片总是显得很高端、很漂亮，简直比我们自己照的好看太多了。其实影楼的照片之所以好看，不仅因为有专业的摄影师，后期修图也是必不可少的。下面就来学习影楼中的修片方法，大家在学习完后也赶紧动手修一张吧。

案例 1 温情瞬间——咖色调打造法国浪漫色彩

案例综述

　　本例的照片本应该表现一个浪漫动人的时刻，但是由于拍摄出现的客观原因，导致拍摄出来的照片缺少温馨的氛围，色调偏冷，可以通过改变色调来增强浪漫氛围。

设计规范

尺寸规范	5 616×3 744（像素）
主要工具	曲线、色阶、亮度 / 对比度
文件路径	Chapter20\20-1-1.psd
视频教学	20-1-1.avi

修图分析

　　照片中间的光线较为强烈，使得暗部太暗、色调偏冷，可以通过"可选颜色"命令、"色相 /饱和度"命令和"色阶"命令的调节使照片重获法国浪漫的色彩。

Before

操作步骤：

01 **打开文件** 按下快捷键 Ctrl+O，在弹出的对话框中打开"20-1-1.jpg"，将"背景"图层拖曳到"创建新图层"按钮 上，得到"背景 副本"图层 01 02 。

02 调整曲线 单击"图层"面板上的"创建新的填充或调整图层"按钮 ◢，在弹出的菜单中执行"曲线"命令，然后在"通道"下拉列表中选择"红"通道，并设置参数 03 04 。

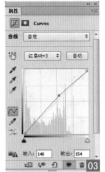

03 调整曲线 在"通道"下拉列表中选择"绿"通道，并设置参数 05 06 。

04 调整曲线 在"通道"下拉列表中选择"蓝"通道，并设置参数 07 08 。

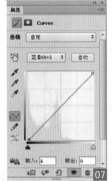

05 调整色阶 单击"图层"面板上的"创建新的填充或调整图层"按钮 ◢，在弹出的菜单中执行"色阶"命令，然后在"通道"下拉列表中选择"绿"通道，并设置参数 09 10 。

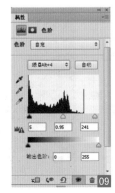

06 **调整色阶** 在"通道"下拉列表中选择"红"通道，并设置参数 11 12 。

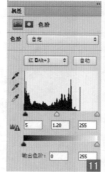

07 **调整亮度 / 对比度** 单击"图层面板"上的"创建新的填充或调整图层"按钮 ⊘ ，在弹出的菜单中执行"亮度 / 对比度"命令，并设置参数 13 14 。

08 **添加照片滤镜** 单击"图层"面板上的"创建新的填充或调整图层"按钮 ⊘ ，在弹出的菜单中执行"照片滤镜"命令，并设置参数 15 16 。

09 **调整色相 / 饱和度** 单击"图层"面板上的"创建新的填充或调整图层"按钮 ⊘ ，在弹出的菜单中执行"色相 / 饱和度"命令，并设置参数 17 18 。

10 **调整可选颜色**　单击"图层"面板上的"创建新的填充或调整图层"按钮 ⃠，在弹出的菜单中执行"可选颜色"命令，在"颜色"下拉列表中选择"红色"，并设置参数 [19] [20]。

11 **调整可选颜色**　在"颜色"下拉列表中选择"黄色"，并设置参数 [21] [22]。

12 **调整可选颜色**　在"颜色"下拉列表中选择"白色"，并设置参数 [23] [24]。

13 **调整可选颜色**　在"颜色"下拉列表中选择"黑色"，并设置参数 [25] [26]。

14 调整可选颜色　在"颜色"下拉列表中选择"中性色"，并设置参数 27 28。

15 调整照片滤镜　单击"图层"面板上的"创建新的填充或调整图层"按钮 ，在弹出的菜单中执行"照片滤镜"命令，并设置参数 29 30。

16 调整色阶　单击"图层"面板上的"创建新的填充或调整图层"按钮 ，在弹出的菜单中执行"色阶"命令，在"通道"下拉列表中选择"红"通道，并设置参数 31 32。

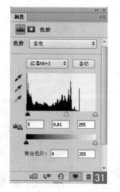

17 调整曲线　单击"图层"面板上的"创建新的填充或调整图层"按钮 ，在弹出的菜单中执行"曲线"命令，设置参数 33，然后在"颜色"下拉列表中选择"红"色，设置参数 34。至此，本实例制作完成，得到最终效果 35。

色温调整——秦殇帝国

After

案例综述

　　本例中所拍摄的照片本想体现出帝国的气息，但是拍摄出来的照片色调不够完美，光线太暗，高光也不凸显，颜色暗沉，照片给人感觉没有吸引力，可以通过提亮照片改变照片色调并凸显人物。

设计规范

尺寸规范	3 084×2 636（像素）
主要工具	修补工具、曲线、可选颜色
文件路径	Chapter20\20-1-2.psd
视频教学	20-1-2.avi

修图分析

　　本例可以使用减淡工具对人物进行加亮处理，使人物的皮肤更有光泽，与背景区别开，然后执行"可选颜色"命令、"色阶"命令和"照片滤镜"命令对照片进行色温调整，处理出符合意境的照片。

Before

操作步骤：

01 打开文件 在 Adobe Bridge 中打开 "20-1-2.jpg" 01。

02 调整图像 在 Adobe Bridge 中对图像进行调整，并设置参数 02。

03 导入素材 按下快捷键 Ctrl+O，打开 "20-1-2.jpg" 素材，然后将 "背景" 图层拖曳到 "创建新图层" 按钮 上，得到 "背景 副本" 图层 03 。

04 调整曲线 单击 "图层" 面板上的 "创建新的填充或调整图层" 按钮 ，在弹出的菜单中执行 "曲线" 命令，并设置参数 04 05 。

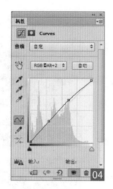

05 放大脸部 在工具箱中选择缩放工具 ，将人物的脸部放大 06 。

06 去掉痣 在工具箱中选择修补工具 ，将人物脸部的痣去掉 07 。

07 使人物整体变亮 在工具箱中选择减淡工具 ，设置带有羽化值的笔刷，然后在人物身上进行涂抹，使人物整体变亮 08 。

08 添加亮度 / 对比度 单击"图层"面板上的"创建新的填充或调整图层"按钮❷，在弹出的菜单中执行"亮度 / 对比度"命令，并设置参数 09 10。

09 调整色阶 单击"图层"面板上的"创建新的填充或调整图层"按钮❷，在弹出的菜单中执行"色阶"命令，并设置参数 11 12。

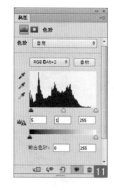

10 调整色阶 在"通道"下拉列表中选择"蓝"通道，并设置参数 13 14。

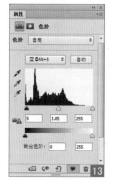

11 调整可选颜色 单击"图层"面板上的"创建新的填充或调整图层"按钮❷，在弹出的菜单中执行"可选颜色"命令，在"颜色"下拉列表中选择"黑色"，并设置参数 15 16。

12 调整可选颜色 在"颜色"下拉列表中选择"中性色"，并设置参数 17 18。

13 调整可选颜色 在"颜色"下拉列表中选择"白色"，并设置参数 19 20。

14 调整可选颜色 在"颜色"下拉列表中选择"黄色"，并设置参数 21 22。

15 安装滤镜 在"颜色"下拉列表中选择"红色"，并设置参数，然后将本书附带光盘中的Chapter20\Media\Portraiture.8bf 文件放入 Photoshop 安装文件夹中的滤镜（Plug-Ins）目录中 23 24。

16 人物磨皮 选中"背景 副本"图层，执行"滤镜>Imagenomic>Portraiture"命令，用 Portraiture 滤镜对人物进行磨皮，并设置参数 25。

17 **人物磨皮** 设置完毕后单击"确定"按钮26。

18 **人物磨皮** 选中"背景 副本"图层，执行"滤镜>Imagenomic>Portraiture"命令，然后用Portraiture滤镜对人物进行磨皮，并设置参数27 28。

19 **添加照片滤镜** 单击"图层"面板上的"创建新的填充或调整图层"按钮 ，在弹出的菜单中执行"照片滤镜"命令，并设置参数29 30。

20 **添加可选颜色** 单击"图层"面板上的"创建新的填充或调整图层"按钮 ，在弹出的菜单中执行"可选颜色"命令，然后在"颜色"下拉列表中选择"黑色"，并设置参数31 32。

21 **调整曲线** 单击"图层"面板上的"创建新的填充或调整图层"按钮 ⊘，在弹出的菜单中执行"曲线"命令，并设置参数 33 34。

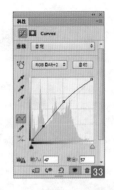

22 **设置前景色** 单击"创建新图层"按钮 ⊡，新建"图层1"，然后将前景色设置为 R:229 G:217 B:203 35。

23 **用画笔涂抹** 在工具箱中选择画笔工具，并在工具选项栏中设置参数，然后在页面中进行涂抹 36。

24 **调整色阶** 按下快捷键 Ctrl+E 向下合并图层，然后单击"图层"面板上的"创建新的填充或调整图层"按钮 ⊘，在弹出的菜单中执行"色阶"命令，并设置参数 37 38。

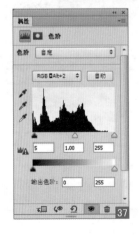

● 光盘路径

Chapter20\Media

Section
20.2

● Level
◇◇◇

● Version
CS4、CS5、CS6、CC

儿童及家庭照片处理

Keyword　● 色相／饱和度、色阶、曲线、可选颜色、蒙版、选区、曝光度

　　人们在聚会时通常会拍下照片来记录精彩瞬间，但往往因为不是专业的摄影师，拍出的照片效果总是不尽如人意。此时就可以借助 Photoshop 软件进行后期修图处理。

案例
1
记录宝宝快乐的童年时光

案例综述

　　本例中的照片色调看起来不够明快、清新，宝宝的皮肤暗沉，没有照出宝宝本有的肌肤感觉，应该提亮照片亮度，调整宝宝肤色，使普通的留念照变成宝宝可爱的写真照。

设计规范

尺寸规范	752×500（像素）
主要工具	曲线、色阶、蒙版
文件路径	Chapter20\20-2-1.psd
视频教学	20-2-1.avi

修图分析

　　本例可以使用"曲线"和"色阶"命令提高照片的亮部，然后使用"可选颜色"命令对照片进行适当的调色，将暗淡的色调调整为温暖、明快的色调。

After

Before

操作步骤：

01 **打开文件**　执行"文件＞打开"命令或按下快捷键 Ctrl+O，打开素材"20-2-1.jpg"文件 01 02 。

02 复制"背景"图层 拖曳"背景"图层至"图层"面板下方的"创建新图层"按钮 ▣ 上，新建"背景副本"图层 03 04。

03 调整色阶 单击"图层"面板下方的"创建新的填充或调整图层"按钮 ◑，然后在下拉菜单中执行"色阶"命令，弹出"色阶"对话框，调节参数。这样可以使画面的光线充足一些 05 06。

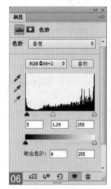

04 调整亮度 / 对比度 单击"图层"面板下方的"创建新的填充或调整图层"按钮 ◑，然后在下拉菜单中执行"亮度 / 对比度"命令，弹出"亮度 / 对比度"对话框，调节参数，以提高画面的整体亮度 07 08。

05 调整色相 / 饱和度 单击"图层"面板下方的"创建新的填充或调整图层"按钮 ◑，然后在下拉菜单中执行"色相 / 饱和度"命令，弹出"色相 / 饱和度"对话框，调节参数 09 10。

06 **载入高光选区**　选择"背景　副本"图层，按下快捷键 Ctrl+Alt+2，选择该图层的高光，载入选区 11。

07 **调整色阶**　单击"图层"面板下方的"创建新的填充或调整图层"按钮，在下拉菜单中执行"色阶"命令，弹出"色阶"对话框，调节参数，使高光部分更亮 12 13。

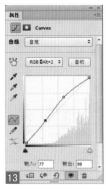

08 **调整色相 / 饱和度**　单击"图层"面板下方的"创建新的填充或调整图层"按钮，在下拉菜单中执行"色相 / 饱和度"命令，弹出"色相 / 饱和度"对话框，调节参数 14 15。

09 **调整可选颜色**　单击"图层"面板下方的"创建新的填充或调整图层"按钮，在下拉菜单中执行"可选颜色"命令，弹出"可选颜色"对话框，调节参数 16 17。

10 **调整可选颜色** 在"颜色"下
拉列表中选择"红色"，并调节参数
18 19。

11 **调整可选颜色** 在"颜色"下
拉列表中选择"白色"，并调节参数
20 21。

12 **调整可选颜色** 在"颜色"下
拉列表中选择"黑色"，并调节参数。
选择不同的颜色进行调节，可以使画
面的色调更加丰富 22 23。

13 **调整曲线** 切换到"通道"面
板，选择"蓝"通道 24，然后执行
"图像 > 调整 > 曲线"命令，弹出"曲
线"对话框，调节参数 25 26。

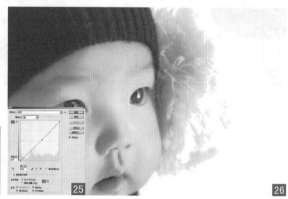

14 **磨皮**　将本书附带光盘中的
Chapter 20\Media\Portraiture.
8bf 文件放入 Photoshop 安装文
件夹中的滤镜（Plug-Ins）目录
中。然后执行"滤镜 >Imagenomic>
Portraiture"命令，再用 Portraiture
滤镜对人物进行磨皮，并设置参
数 27。

15 **磨皮**　磨皮完成后，宝宝的皮
肤看起来更光滑、更细腻动人 28。

16 **设置混合模式**　将"背景　副
本"图层的混合模式设置为"柔
光"29 30。

17 **调整曝光度**　单击"图层"面
板下方的"创建新的填充或调整图
层"按钮，在下拉菜单中执行"曝
光度"命令，弹出"曝光度"对话
框，调节参数，为画面增加光源感，
增加整体曝光量 31 32。

18 **添加图层蒙版** 单击"图层"面板下方的"添加图层蒙版"按钮，然后使用工具箱中的画笔工具对宝宝的脸部进行涂抹，显现出宝宝本来的光滑皮肤 33 34 。

19 **打开素材** 执行"文件>打开"命令，打开素材文件 35 。

20 **导入素材** 拖曳素材文件到当前文档中，此时"图层"面板下方将自动生成"图层 1"图层，移动素材文件到合适的位置 36 37 。

21 **添加蒙版** 选择"图层 1"图层，单击"图层"面板下方的"添加图层蒙版"按钮，然后使用工具箱中的画笔工具对素材进行涂抹 38 39 。

22 打开素材 执行"文件 > 打开"命令，打开素材文件　。

23 导入素材 拖曳素材文件到当前文档中，此时"图层"面板下方将自动生成"图层 2"图层，移动素材文件到合适的位置　。

24 添加蒙版 单击"图层"面板下方的"添加图层蒙版"按钮，然后使用工具箱中的画笔工具进行涂抹，选择"蒙版"缩略图，进行涂抹的部分将显示"背景"图层　。

25 最终效果 涂抹完成，就完成了本例的制作。

阳光灿烂的童年

案例综述

本例中的照片色调过于沉闷、生硬，缺少柔和的气氛，没有表达出照片想表达出的那种梦幻、快乐的感觉，应该通过提高人物和背景的对比度使画面色彩更加绚丽。

设计规范

尺寸规范	782×502（像素）
主要工具	曲线、可选颜色、选区
文件路径	Chapter20\20-2-2.psd
视频教学	20-2-2.avi

修图分析

　　本例可以通过"曲线"命令提高暗部的亮度，然后通过"可选颜色"命令减少照片的生硬感，让照片的色彩均衡、柔美。

操作步骤：

01 **打开文件**　执行"文件 > 打开"命令或按下快捷键 Ctrl+O，打开素材"20-2-2.jpg"文件 **01**，然后按下快捷键 Ctrl+J 复制"背景"图层，新建"图层 1"图层 **02**。

02 **调整曲线**　单击"图层"面板下方的"创建新的填充或调整图层"按钮 ◎，在下拉菜单中执行"曲线"命令，弹出"曲线"对话框，调节参数，提高暗部光线 **03** **04**。

03 载入高光选区　选择"图层 1"
图层，按下快捷键 Ctrl+Alt+2，选
择该图层的高光部分，载入选区 05
06 。

04 调整曲线　单击"图层"面板
下方的"创建新的填充或调整图层"
按钮 ，然后在下拉菜单中执行
"曲线"命令，弹出"曲线"对话框，
调节参数 07 08 。

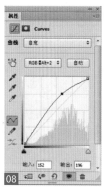

05 调整色相 / 饱和度　单击"图
层"面板下方的"创建新的填充或
调整图层"按钮 ，然后在下拉
菜单中执行"色相 / 饱和度"命令，
弹出"色相 / 饱和度"对话框，调
节参数，使画面的色调更加鲜艳、
明快 09 10 。

06 调整可选颜色　单击"图层"
面板下方的"创建新的填充或调
整图层"按钮 ，然后在下拉菜
单中执行"可选颜色"命令，弹
出"可选颜色"对话框，调节参
数 11 12 。

07 **调整可选颜色** 在"颜色"下拉列表中选择"黄色"，并调节参数 13 14 。

08 **调整可选颜色** 在"颜色"下拉列表中选择"绿色"，并调节参数 15 16 。

09 **调整可选颜色** 在"颜色"下拉列表中选择"中性色"，并调节参数 17 18 。

10 **调整可选颜色** 在"颜色"下拉列表中选择"黑色"，并调节参数。对不同的颜色进行调节，为的是使画面的色彩基调更加明确，使色彩更加自然 19 20 。

11 **调整曲线** 切换到"通道"面板，选择"蓝"通道，然后执行"图像 > 调整 > 曲线"命令，并调节参数，然后单击"确定"按钮22 23。

12 **打开素材** 执行"文件 > 打开"命令，打开素材文件24 25。

13 **导入素材** 将需要的素材文件拖曳到当前文档中，按下快捷键Ctrl+T 进行自由变换，将素材调整到合适的大小和位置26 27。

14 **最终效果** 调整完成，就完成了本例的制作28。

第 21 章

数码照片之风景修饰

摄影让摄影爱好者有了充实的生活、有了专注的方向、有了成就感，使所见景物变得不寻常。很多初学者在拍完风景后不知道如何去调整照片的色彩问题，当然，我们前期不可能拍出色彩俱佳的风景照片，还要在后期修饰一下，本章将全面为大家剖析后期是怎么调整照片色彩的。

Section

21.1

● Level
◇◇◇

● Version
CS3、CS4、CS5、CS6

风景的调色

● 光盘路径
Chapter21\Media

Keyword　● 色相／饱和度、曲线、自然饱和度、亮度／对比度、阴影／高光

　　你是否有过在路边看见特别有感觉的景色，用相机拍下来后，觉得色彩还可以更亮一些的经历？这时用Photoshop软件就可以解决你的烦恼，无论是给照片提高曝光度，还是将照片修成大片效果，Photoshop都可以轻松地应对。

调出华丽的风光照片效果

案例综述

　　光线是塑造事物轮廓的雕塑家，也是营造图像氛围的画家，因此当光线适时地照射在被摄物体上时，会使照片产生很大的魅力。本例将运用图层混合模式和色彩调整工具将暗淡的风光照片调整为华丽的效果。

设计规范

尺寸规范	2 000×1 328（像素）
主要工具	色彩调整工具、图层混合模式
文件路径	Chapter21\21-1-1.psd
视频教学	21-1-1.avi

修图分析

　　本例可以使用"色相／饱和度"和"自然饱和度"命令提亮照片，使照片不再灰蒙蒙的，再使用图层混合模式和色彩调整工具将照片的颜色调整得更加鲜艳、明亮。

操作步骤：

01 打开文件 执行"文件 > 打开"命令或按下快捷键 Ctrl+O，打开素材"21-1-1.jpg"文件 **01** **02**。

02 复制"背景"图层 按下快捷键 Ctrl+J 复制"背景"图层，新建"图层 1"图层，并将该图层的混合模式设置为"滤色"03 04。

03 调整色相 / 饱和度 单击"图层"面板下方的"创建新的填充或调整图层"按钮 ，然后在下拉菜单中执行"色相 / 饱和度"命令，弹出"色相 / 饱和度"对话框，调节参数，此时图像的色调有些偏红 05 06。

04 调整自然饱和度 单击"图层"面板下方的"创建新的填充或调整图层"按钮 ，在下拉菜单中执行"自然饱和度"命令，弹出"自然饱和度"对话框，调节参数 07 08。

05 调整亮度 / 对比度 单击"图层"面板下方的"创建新的填充或调整图层"按钮 ，然后在下拉菜单中执行"亮度 / 对比度"命令，弹出"亮度 / 对比度"对话框，稍微调节参数，使图像的亮度降低一些 09 10。

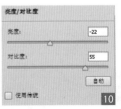

06 **盖印图层**　按下快捷键 Ctrl+Alt+Shift+E 盖印图层，生成"图层2"图层，并将该图层的混合模式设置为"柔光" **11** **12**。

07 **降低不透明度**　设置完成后，图像的色调变得更暗了，将该图层的不透明度降低一些，使图像亮一些 **13**。

08 **添加照片滤镜**　单击"图层"面板下方的"创建新的填充或调整图层"按钮 ，然后在下拉菜单中执行"照片滤镜"命令，弹出"照片滤镜"对话框，设置"滤镜"为"黄"，并调节"浓度"，使图像的色调更自然 **14** **15**。

09 **盖印图层**　按下快捷键 Ctrl+Alt+Shift+E 盖印图层，生成"图层3"图层，然后执行"滤镜>模糊>高斯模糊"命令，弹出"高斯模糊"对话框，调节参数，并单击"确定"按钮 **16** **17**。

10 **设置混合模式** 执行模糊后，将该图层的混合模式设置为"强光" 18 19 。

11 **降低不透明度** 降低该图层的不透明度，使图像在强光模式下的效果减淡一些 20 。

12 **添加阴影／高光** 执行"图像 > 调整 > 阴影／高光"命令，弹出"阴影／高光"对话框，调节参数，使图像的阴影和高光部分突显出来，然后单击"确定"按钮 21 22 。

Tips: "阴影／高光"命令不是简单地使图像变亮或变暗，而是基于阴影或高光中的周围像素增亮或变暗，快速地修复曝光过度或曝光不足的图像中的细节。

13 **调整曲线** 执行"图像 > 调整 > 曲线"命令，弹出"曲线"对话框，调节曲线参数，然后单击"确定"按钮，完成制作 23 24 。

 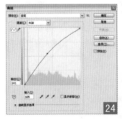

案例 2 精调风光照片中花卉的颜色

案例综述

　　本例中的照片原本拍摄的是普通色调的花卉风景，其色调效果比较平淡，通过对照片进行色调处理，使用色彩调整工具等调整画面色调，并结合滤镜中的"光照效果"命令进行调整，增强照片的艺术色调效果。

设计规范

尺寸规范	624×850（像素）
主要工具	色彩调整工具、光照效果
文件路径	Chapter21\21-1-2.psd
视频教学	21-1-2.avi

修图分析

　　本例先用通道改变花卉和天空的颜色，再用色彩调整工具调整图片的色调，最后用滤镜中的"光照效果"命令改变照片中的光源。

操作步骤：

01 打开文件 执行"文件 > 打开"命令或按下快捷键 Ctrl+O，打开素材"21-1-2.jpg"文件 01 02 。

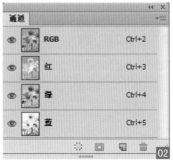

02 **调整曲线** 单击"图层"面板下方的"创建新的填充或调整图层"按钮 ，然后在下拉菜单中执行"曲线"命令，弹出"曲线"对话框，调节参数，使画面色调变暗一些 03 04。

03 **调整色阶** 单击"图层"面板下方的"创建新的填充或调整图层"按钮 ，然后在下拉菜单中执行"色阶"命令，弹出"色阶"对话框，选择"红"通道，并调节参数 05 06。

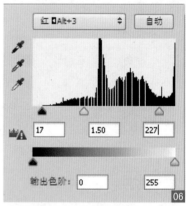

04 **调整色阶** 调整完成后，选择"绿"通道继续调节参数 07 08。

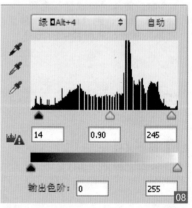

05 **调整色阶** 调整完成后，选择"蓝"通道继续调节参数，从而调整画面色调 09 10。

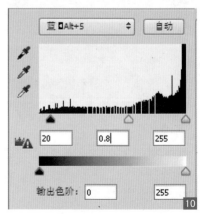

06 盖印图层 按下快捷键 Ctrl+Shift+Alt+E 盖印图层，生成"图层 1"图层，然后在"通道"面板中选择"蓝"通道，按下快捷键 Ctrl+A 全选通道图像，再按下快捷键 Ctrl+C 复制通道内的选区图像 11 12 。

07 粘贴选区 选择"绿"通道，按下快捷键 Ctrl+V 粘贴刚才复制的选区 13 14 。

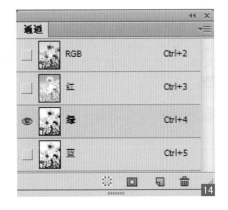

08 取消选区 选择 RGB 通道，返回"图层"面板，按下快捷键 Ctrl+D 取消选区 15 16 。

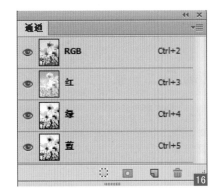

09 调整照片滤镜 单击"图层"面板下方的"创建新的填充或调整图层"按钮 ，然后在下拉菜单中执行"照片滤镜"命令，弹出"照片滤镜"对话框，设置"滤镜"为"加温滤镜（81）"，并调节"浓度" 17 18 。

10 **调整色彩平衡** 单击"图层"面板下方的"创建新的填充或调整图层"按钮 ⊙.，然后在下拉菜单中执行"色彩平衡"命令，弹出"色彩平衡"对话框，再选择"中间调"单选按钮，并调节参数 19 20。

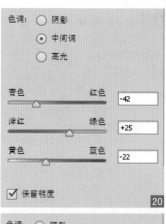

11 **调整色彩平衡** 调整完成后，选择"阴影"单选按钮，再次调节参数，从而继续调整画面色调 21 22。

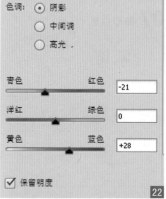

12 **用画笔涂抹蒙版** 在"色彩平衡"对话框中单击"蒙版"按钮 ⊙，设置前景色为黑色，然后选择工具箱中的画笔工具 ✓，在选项栏中设置画笔的大小，在天空内部进行涂抹 23 24。

13 **调整色相 / 饱和度** 单击"图层"面板下方的"创建新的填充或调整图层"按钮 ⊙.，然后在下拉菜单中执行"色相 / 饱和度"命令，弹出"色相 / 饱和度"对话框，调节参数，使画面色彩的饱和度增强一些 25 26。

14 **调整色阶**　单击"图层"面板下方的"创建新的填充或调整图层"按钮 ⊙，然后在下拉菜单中执行"色阶"命令，弹出"色阶"对话框，调节参数，使画面色调柔和一些 27 28。

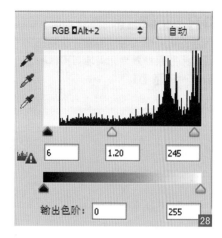

15 **调整亮度 / 对比度**　单击"图层"面板下方的"创建新的填充或调整图层"按钮 ⊙，然后在下拉菜单中执行"亮度 / 对比度"命令，弹出"亮度 / 对比度"对话框，调节参数，使画面色调的对比度增强 29 30。

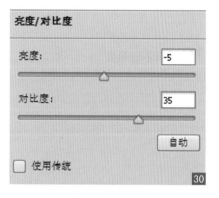

16 **盖印图层**　按下快捷键 Ctrl+Shift+Alt+E 盖印图层，生成"图层 2"图层，然后执行"滤镜 > 渲染 > 光照效果"命令，弹出"光照效果"对话框，设置参数，并单击"确定"按钮 31 32。

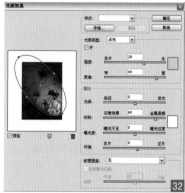

17 **高斯迷糊**　执行"滤镜 > 模糊 > 高斯模糊"命令，弹出"高斯模糊"对话框，设置参数，并单击"确定"按钮 33 34。

18 **设置混合模式** 设置"图层2"图层的混合模式为"柔光"，使光照效果和模糊效果完美地与图像融合在一起 35 36 。

19 **降低不透明度** 至此，对花卉的调节基本完成，将"图层2"图层的不透明度稍微降低一些 37 。

20 **最终效果** 当完美配合图层混合模式时会产生很多意想不到的效果。设置图层混合模式为"饱和度"和"色相"也会产生不错的效果 38 39 。

Section

21.2

● Level
◇◇◇

● Version
CS3、CS4、CS5、CS6

风景的合成

● 光盘路径

Chapter21\Media

Keyword　　● 选区、色彩平衡、镜头光晕、色相／饱和度

　　合成照片就是把不同的照片合成为一张。合成也是Photoshop软件的一项重要技术。数码摄影从它诞生开始，就意味着与后期处理相辅相成。如果不懂后期处理，则摄影就基本上达不到最完美的效果。

案例 1　合成清爽的荷花美图

案例综述

　　本例主要通过合成产生了一幅清爽的荷花美图。荷花是人们在生活中最常见的花卉之一，当你在公园散步时拍下一张荷花美图，却又因为它没有一个合适的背景而心生不快的时候，不如亲自动手为它合成一个你喜欢的背景。

设计规范

尺寸规范	876×988（像素）
主要工具	钢笔工具、仿制图章工具
文件路径	Chapter21\21-2-1.psd
视频教学	21-2-1.avi

修图分析

　　本例可以选择钢笔工具建立选区，选择仿制图章工具对背景图像中需要修饰的地方进行修复，然后执行"变形"命令对花朵进行调节，使其呈现自然开放的景象，再执行"色相／饱和度"命令调节参数，使画面中的色调更加鲜艳。

操作步骤：

01 **打开文件** 按下快捷键Ctrl+O，打开"21-2-1.jpg"，然后拖曳"背景"图层至"图层"面板下方的"创建新图层"按钮上，新建"背景 副本"图层 **01** **02**。

02 建立选区 选择工具箱中的钢笔工具，将图像中的荷花建立为选区，然后按下快捷键 Ctrl+Enter 将其转换为选区，再按下快捷键 Ctrl+J 复制选区，得到"图层 1"图层03 04。

> **Tips:** 在使用钢笔工具时，按住 Ctrl 键单击路径可以显示锚点，单击锚点可以选择锚点，按住 Ctrl 键拖动方向点可以调整方向线，也可以移动锚点位置。

03 去掉荷花 选择"图层 1"图层，将该图层隐藏，再将"背景 副本"图层选中，选择工具箱中的仿制图章工具，按住 Alt 键在图像的背景上单击取样，然后在图像中的荷花位置单击，将荷花去掉05 06。

04 显示荷花 通过仿制图章工具不断取样和修复，原本有荷花的地方被背景颜色替换。单击"图层 1"图层前面显示和隐藏图层的图标，将"图层 1"图层显示出来，然后移动和旋转图像，将荷花放到合适的位置07 08。

05 打开素材 按下快捷键 Ctrl+O，打开"21-2-2.jpg"，然后选择工具箱中的快速选择工具将花朵建立为选区，按下快捷键 Ctrl+J 复制选区，得到"图层 1"图层。为了便于查看，可先将"背景"图层隐藏09 10。

06 变形　选择移动工具，将建立的荷花选区拖曳到当前制作的文档中，得到"图层 2"图层，然后执行"编辑 > 变换 > 变形"命令，调节节点 **11** **12**。

07 建立选区　选择工具箱中的钢笔工具，按下快捷键 Ctrl++ 将图像放大，然后使用抓手工具将荷花的根茎部分选中 **13**，按下快捷键 Ctrl+Enter 将其转换为选区 **14**，按住 Alt 键拖曳选区到其他位置，可以对选区进行复制 **15**，接着将根茎部分调整到合适的位置 **16**。

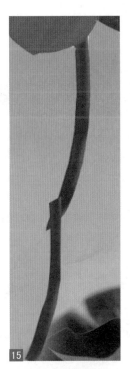

08 移动荷花　按下快捷键 Ctrl+O，将图像调整到默认大小，然后使用移动工具将荷花移动到合适的位置 **17** **18**。

09 调整色相 / 饱和度 选择"背景副本"图层，执行"图像 > 调整 > 色相 / 饱和度"命令或按下快捷键 Ctrl+U，弹出"色相 / 饱和度"对话框，调节参数 **19** **20**。

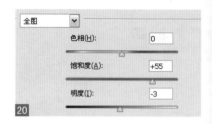

10 调整色相 / 饱和度 选择"图层 1"图层，按下快捷键 Ctrl+U，弹出"色相 / 饱和度"对话框，调节参数 **21** **22**。

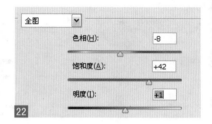

11 调整色相 / 饱和度 选择"图层 2"图层，按下快捷键 Ctrl+U，弹出"色相 / 饱和度"对话框，调节参数 **23** **24**。

12 调整色相 / 饱和度 选择"背景 副本"图层，然后选择工具箱中的钢笔工具，在图像荷叶的位置建立锚点，将荷叶建立为选区 **25**。接着按下快捷键 Ctrl+J，将选区进行复制，得到"图层 4"图层 **26**。

13 打开素材 按下快捷键 Ctrl+O，打开"21-2-3.jpg"，然后在按下 Alt 键的同时双击"背景"图层，将"背景"图层进行解锁，转换为普通图层，生成"图层 0"图层27 28。

14 调整素材 使用移动工具将素材移动到当前文档中，然后执行"编辑 > 变换 > 变形"命令，调整素材的大小和位置，为荷花制作蓝天和白云背景29 30。

15 调整色彩平衡 选择"图层 5"图层，执行"图像 > 调整 > 色彩平衡"命令或按下快捷键 Ctrl+B，弹出"色彩平衡"对话框，调节参数，改变图像的色彩31 32。

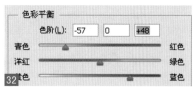

16 调整色相 / 饱和度 选择"图层 5"图层，执行"图像 > 调整 > 色相 / 饱和度"命令或按下快捷键 Ctrl+U，弹出"色相 / 饱和度"对话框，然后调节参数，改变图像的色相与饱和度33 34。

17 **填充颜色** 新建"图层6"图层，设置前景色为淡蓝色35，然后按下快捷键 Alt+Delete，为该图层填充淡蓝色36 37。

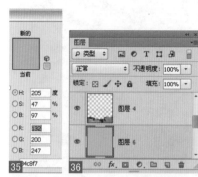

18 **设置混合模式** 将"图层6"图层的混合模式设置为"柔光"，使蓝天和白云效果更加唯美38 39。

19 **镜头光晕** 新建"图层7"图层，执行"滤镜 > 渲染 > 镜头光晕"命令，在弹出的"镜头光晕"对话框中选择镜头类型，并调节"亮度"40 41 42。

20 **最终效果** 将"图层7"图层的混合模式设置为"滤色"，并使用移动工具移动渲染的位置43 44。

案例 **2**

合成空中城堡

（案例综述）

　　电影大片中＊驻立在瀑布上的古老城堡是不是看起来既大气磅礴又充满神秘感，这些画面其实都是靠特效制作出来的。本例介绍如何利用手头上的城堡和瀑布照片合成空中城堡。

（设计规范）

尺寸规范	600×600（像素）
主要工具	色彩平衡、可选颜色
文件路径	Chapter21\21-2-2.psd
视频教学	21-2-2.avi

（修图分析）

　　本例可以先利用蒙版和画笔工具合并图像，再利用"可选颜色"命令调整天空的色调，利用"色彩平衡"命令提高海面的亮度，利用图层混合模式叠加图层。

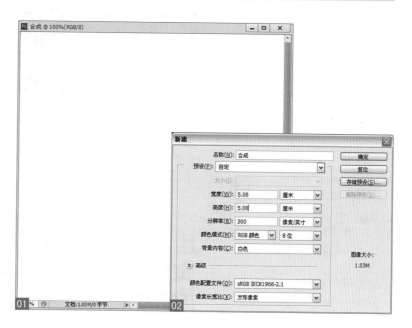

操作步骤：

01 打开文件 执行"文件＞新建"命令或按下快捷键 Ctrl+N，弹出"新建"对话框，设置各项参数，完成后单击"确定"按钮 **01** **02**。

02 **导入素材** 执行"文件>打开"
命令或按下快捷键 Ctrl+O，打开
"21-2-4.jpg"素材文件，然后选择
移动工具，将其拖曳到新建的"合成"
文档中，并按下快捷键 Ctrl+T，调
整其大小和位置03 04。

03 **导入素材** 执行"文件>打开"
命令或按下快捷键 Ctrl+O，打开
"21-2-5.jpg"素材文件，然后选择
移动工具，将其拖曳到新建的"合成"
文档中，并按下快捷键 Ctrl+T，调
整其大小和位置05 06。

04 **添加蒙版** 选择"图层2"图层，
单击"图层"面板下方的"添加图
层蒙版"按钮，然后选择画笔工具
进行蒙版处理07 08。

05 **打开素材** 执行"文件>打开"
命令或按下快捷键 Ctrl+O，打开
"21-2-6.jpg"素材文件，然后
将"背景"图层拖曳到"创建新
图层"按钮上，得到"背景 副本"
图层09 10。

06 建立选区 在工具箱中选择钢笔工具，绘制城堡的路径，然后按下快捷键 Ctrl+Enter，将路径转换成选区，继续按下快捷键 Ctrl+J，将选区内容载入新的选区 11 12。

07 复制选区到合成文档 选择移动工具，将选区拖曳到新建的"合成"文档中，并按下快捷键 Ctrl+T，调整其大小和位置 13 14。

08 添加蒙版 选择"图层3"图层，单击"图层"面板下方的"添加图层蒙版"按钮，然后选择画笔工具进行蒙版处理 15 16。

09 复制图层 此时，构图调整好了，接下来进行调色。首先选择"图层2"图层，将其拖曳到"图层"面板下方的"创建新图层"按钮上，得到"图层2副本"图层，修改其图层的混合模式为"正片叠底" 17 18。

10盖印图层 创建新图层，按下快捷键 Ctrl+Alt+Shift+E 盖印图层，然后单击"图层"面板下方的"创建新的填充或调整图层"按钮，在弹出的菜单中选择"可选颜色"命令，打开"可选颜色"属性面板，设置各项参数19 20 21 22 23。

11处理蒙版 选择画笔工具，对"可选颜色"进行蒙版处理24 25。

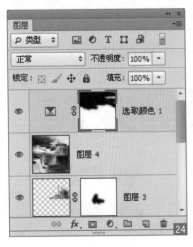

12 调整色阶　单击"图层"面板下方的"创建新的填充或调整图层"按钮，在弹出的菜单中选择"色阶"命令，打开"色阶"属性面板，设置各项参数，并进行蒙版处理 26 27 28。

13 调整色彩平衡　单击"图层"面板下方的"创建新的填充或调整图层"按钮，在弹出的菜单中选择"色彩平衡"命令，打开"色彩平衡"属性面板，设置各项参数，并进行蒙版处理 29 30 31 32 33。

14 处理可选颜色　单击"图层"面板下方的"创建新的填充或调整图层"按钮，在弹出的菜单中选择"可选颜色"命令，打开"可选颜色"属性面板，设置各项参数 34 35 36。

第 22 章

广告应用

随着时代的变化与发展，我们的身边伴随着各式各样的广告，不仅有媒体的传播还有网络的传播，可以说广告是我们不可或缺的一种了解产品信息的手段，本章介绍如何制作精美、时尚的广告设计宣传海报等。

Section

22.1

● Level
◇◇◇
● Version
CS4、CS5、CS6、CC

画册广告

Keyword ● 钢笔工具、文字工具、图层样式、椭圆工具

　　画册广告是一种较常见的设计广告，要制作出一个好的画册广告就要突出产品信息，要有好的颜色搭配与合适的排版，这样才能将画册制作得更加完美。

案例 1

服装设计画册——金尚服饰

案例综述

　　本例使用图层样式、钢笔工具、椭圆工具和字符样式来制作服装广告。在该广告的设计中，使用钢笔工具绘制多边形闭合路径，通过文字的排列增加广告的现代感。

设计规范

尺寸规范	1 335×1 535（像素）
主要工具	钢笔工具、文字工具
文件路径	Chapter22\22-1-1.psd
视频教学	22-1-1.avi

案例分析

　　本例主要使用钢笔工具和文字工具制作，最后添加"描边"和"投影"效果。

操作步骤：

01 新建文件 执行"文件 > 新建"命令或按快捷键 Ctrl+N，弹出"新建"对话框 **01**，设置参数 **02**。

宽度(W):	1335	像素 ▼
高度(H):	1535	像素 ▼
分辨率(R):	300	像素/英寸 ▼
颜色模式(M):	RGB 颜色 ▼	8 位 ▼
背景内容(C):	白色 ▼	

01

02 打开素材 执行"文件 > 打开"命令，在弹出的对话框 03 中选择"SZ01"素材，将其打开放置到合适的位置 04。

03 绘制渐变条 新建图层，选择工具箱中的矩形选框工具 ，在页面上绘制矩形选框，然后选择工具箱中的渐变工具 ，在选项栏中选择"线性渐变"，单击"点按可编辑渐变"按钮 ，在弹出的对话框 05 中设置渐变颜色为灰色（R：66，G：66，B：66）到白色，为选区填充颜色 06。

04 绘制矩形 使用同样的方法在页面上绘制两个矩形条，分别为黑色和玫红色（R：167，G：7，B：64）07 08。

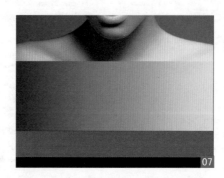

05 绘制形状 新建图层，选择工具箱中的钢笔工具 ，在页面上绘制形状 09，然后执行"文件 > 打开"命令，在弹出的对话框中选择"SZ02、SZ03、SZ04、SZ05"素材，将它们打开，拖曳到场景中，分别执行"图层 > 创建剪贴蒙版"命令，为图像创建剪贴蒙版 10。

06 **添加投影**　选择"图层5"图层，按住 Shift 键，选择"图层12"，然后单击右键，选择"合并图层"命令，将图层进行合并。双击合并后的图层，在弹出的"图层样式"对话框中选择"投影"选项，设置参数**11**，为图像添加投影效果**12**。

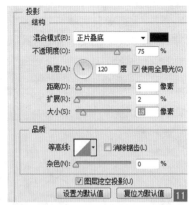

07 **绘制形状**　新建图层，选择工具箱中的钢笔工具，在页面上绘制路径，然后按下快捷键 Ctrl+Enter 将路径转换为选区，并为选区填充白色。接着使用同样的方法制作黑色和灰色的形状**13**，在"图层"面板中分别设置图层的不透明度为60%**14**。

08 **输入文字**　选择工具箱中的文字工具，在"字符"面板**15** **16**中设置文字的字体、字号等，然后在页面上输入文字**17**。

09 **输入文字** 使用同样的方法在页面上输入文字 18 19 。

10 **绘制形状** 新建图层，选择工具箱中的椭圆工具 ⬭，在页面上绘制正圆，并填充任意色 20 。然后执行"文件＞弹出"命令，在弹出的对话框中选择"SZ06、SZ07、SZ08"素材，将它们打开，拖曳到场景中，分别执行"图层＞创建剪贴蒙版"命令，为图像创建剪贴蒙版 21 。

11 **添加效果** 双击"图层8"图层，在弹出的"图层样式"对话框中选择"描边"和"投影"，并设置参数 22 23 ，为图像添加效果，然后使用同样的方法为"图层8拷贝"、"图层8拷贝2"图层添加效果 24 。

科技企业画册——白马科技

案例综述

　　本例主要使用蓝色系颜色来表现科技感，用钢笔工具绘制形状，然后将素材放置到形状中，让素材与背景更加融合。

设计规范

尺寸规范	4 961×3 307（像素）
主要工具	钢笔工具、文字工具
文件路径	Chapter22\22-1-2.psd
视频教学	22-1-2.avi

案例分析

　　本例主要使用钢笔工具、文字工具和渐变工具制作不同的形状，搭配蓝色让海报变得更加生动、有活力。

操作步骤：

01 新建文件　执行"文件 > 新建"命令或按快捷键 Ctrl+N，弹出"新建"对话框 01，设置参数 02。

02 渐变填充　选择工具箱中的渐变工具 ，在选项栏中选择"径向渐变"，然后单击"点按可编辑渐变"按钮 ，在弹出的对话框中设置渐变颜色为蓝色（R：87，G：4，B：181）到浅蓝色（R：189，G：239，B：255），为背景图层填充颜色 03 04。

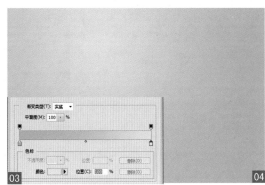

03 **绘制形状** 选择工具箱中的钢笔工具 ，在选项栏中设置工作模式为"形状"，然后设置填充颜色为蓝色（R：0，G：163，B：195），在页面上绘制形状 05 06 。

04 **绘制形状** 使用同样的方法绘制形状，并填充颜色为蓝色（R：0，G：173，B：206）07 08 。

05 **绘制形状** 使用同样的方法绘制形状，并填充颜色为蓝色（R：26，G：154，B：180）09 10 。

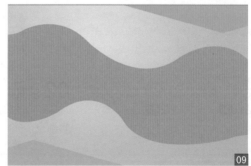

06 **绘制形状** 使用同样的方法绘制形状，然后填充任意色 11 12 。

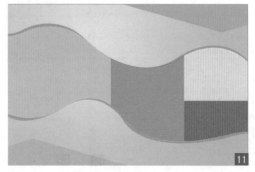

07 创建剪贴蒙版 执行"文件 >
打开"命令，在弹出的对话框中选
择"1.jpg"素材，将其打开拖入
到场景中，并缩放到合适的大小。
然后执行"图层 > 创建剪贴蒙版"
命令，为其创建剪贴蒙版。接着使
用同样的方法，为其他素材创建剪
贴蒙版 13 14。

08 制作其他形状 使用同样的方
法制作出其他形状与效果 15 16。

09 创建文字 选择工具箱中的文
字工具，在页面上输入文字，在"字
符"面板中设置文字的字体、字号、
颜色等参数 17 18。

10 创建文字 使用同样的方法添
加其他文字 19 20。

Section

22.2

● Level
◇◇◇
● Version
CS4、CS5、CS6、CC

户外广告

● 光盘路径

Chapter22\Media

Keyword　● 文字工具、图层样式、混合模式、曲线

在生活中我们无处不见户外广告，这种户外广告的类型有很多，本节就来介绍如何制作高大上的户外广告。

案例
1

霓虹灯广告——化妆晚会

案例综述

本例使用文字工具、图层样式以及大量的素材来制作户外广告，在制作时要注意文字与素材的摆放位置。

设计规范

尺寸规范	1 275×1 875（像素）
主要工具	图层样式、文字工具
文件路径	Chapter22\22-2-1.psd
视频教学	22-2-1.avi

案例分析

本例主要使用金色来体现强烈的金属感，并使用多种图层样式使文字更加立体。

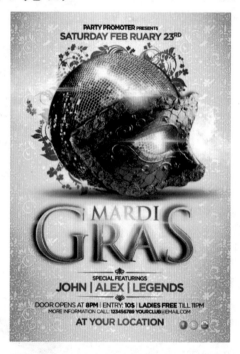

操作步骤：

01 **打开文件** 执行"文件 > 打开"命令，在弹出的对话框中选择"背景.jpg"素材，将其打开 01 02 。

02 **添加素材** 执行"文件 > 打开"命令，在弹出的对话框中选择"金色的球体 .png"素材，将其打开并拖入到场景中 03 04。

03 **制作阴影** 新建图层，选择工具箱中的椭圆选框工具，在页面上绘制椭圆选框，并按下快捷键 Shift+F6，在弹出的"羽化选区"对话框中设置羽化半径为 30 像素 05。然后设置前景色为黑色，按下快捷键 Alt+Delete 填充选区，按下快捷键 Ctrl+D 取消选区 06。

04 **添加素材** 使用同样的方法制作阴影，然后执行"文件 > 打开"命令，在弹出的对话框中选择"面具 .png"素材，将其打开拖入到场景中。双击该图层，在弹出的"图层样式"对话框中选择"投影"选项，并设置参数，为其添加效果 07 08。

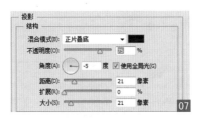

05 **添加文字** 选择工具箱中的文字工具，在页面上输入文字，并在"字符"面板中设置文字的字体、字号等参数 09。在"图层"面板中设置文字图层的填充为 0%，然后双击该图层，在弹出的"图层样式"中选择"描边"选项，设置参数，为文字添加效果 10 11。

06 为文字添加效果 继续在"图层样式"对话框中选择"斜面和浮雕"、"光泽"选项，设置参数，为文字添加效果 12 13 14。

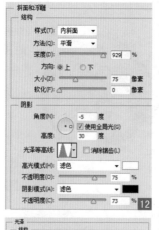

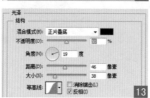

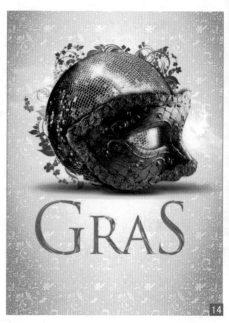

07 为文字添加效果 继续在"图层样式"中选择"渐变叠加"、"内发光"选项，设置参数，为文字添加效果 15 16 17。

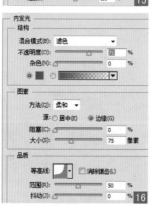

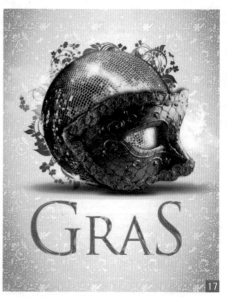

08 为文字添加效果 继续在"图层样式"中选择"外发光"、"投影"选项，设置参数，为文字添加效果 18 19 20。

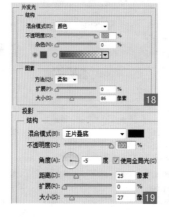

09 **添加文字** 使用同样的方法制作出其他文字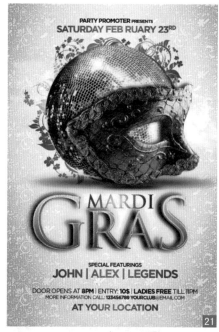21 22。

10 **添加素材** 执行"文件 > 打开"命令，在弹出的"打开"对话框中选择"图标.png"素材、"花纹.png"素材，将它们打开拖入到场景中，并放置到合适的位置23 24。

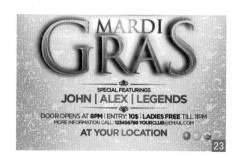

11 **添加素材** 执行"文件 > 打开"命令，在弹出的"打开"对话框中选择"闪光"素材，将其打开拖入到场景中，并放置到合适的位置25 26。

12 **添加效果** 选择"闪光"图层，在"图层"面板中设置混合模式为"滤色"，改变其效果27 28。

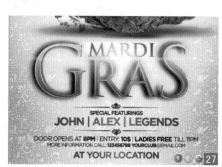

13 添加素材 执行"文件 > 打开"命令，在弹出的"打开"对话框中选择"灯光"素材，将其打开拖入到场景中，并放置到合适的位置29 30。

14 添加效果 选择"闪光"图层，在"图层"面板中设置混合模式为"滤色"，改变其效果31 32。

15 添加调整图层 在"图层"面板下方单击"创建新的填充或调整图层"按钮 ，在下拉菜单中选择"曲线"命令，在弹出的对话框33中设置曲线参数，改变图像的整体亮度，得到最终效果34 35。

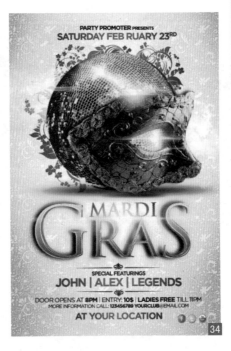

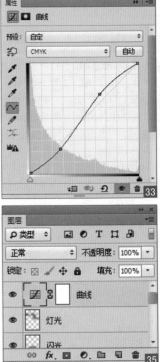

案例 2　高立柱广告——耳机宣传页

案例综述

　　本例主要使用了文字工具、钢笔工具，在页面上输入单纯的文字显得太单调，凸显不了图中所要表达的时尚感，所以给文字添加了一系列的图层样式。

设计规范

尺寸规范	1 830×930（像素）
主要工具	钢笔工具、文字工具
文件路径	Chapter22\22-2-2.psd
视频教学	22-2-2.avi

案例分析

　　本例主要使用粉色来体现广告的整体色彩，在制作时要注意素材的摆放位置和文字的大小比例。

操作步骤：

01 打开文件　执行"文件 > 打开"命令，在弹出的对话框中选择"背景 .jpg"素材 **01**　**02**。

02 绘制形状　选择工具箱中的钢笔工具 ，在选项栏中设置工作模式为"形状"，然后设置颜色为玫红色（R：221，G：51，B：144），在页面上绘制形状 **03**　**04**。

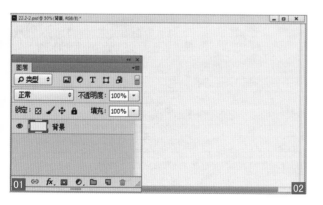

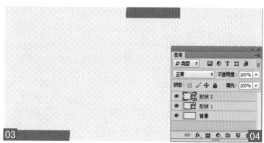

03 绘制形状 继续使用钢笔工具，在选项栏中设置工作模式为"形状"，然后设置颜色为白色，在页面上绘制形状05 06。

04 复制图层 选择"形状 3"图层，按下快捷键 Ctrl+J 进行复制，按下快捷键 Ctrl+T 将图像进行垂直翻转，再旋转 90 度，按下 Enter 键完成变换07 08。

05 复制图层 选择"形状 3"图层，按住 Shift 键选择"形状 3 拷贝"图层，然后按下快捷键 Ctrl+J 进行复制，并将复制的图像放置到合适的位置09 10。

06 绘制形状 使用同样的方法绘制形状 11 12。

07 打开素材 执行"文件 > 打开"命令，在弹出的对话框中选择"图片1.jpg"、"图片2.jpg"、"图片3.jpg"、"图片4.jpg"素材，将它们打开拖入到场景中，并对图层顺序进行调整。然后分别对图片图层执行"图层 > 创建剪贴蒙版"命令，为它们创建剪贴蒙版 13 14。

08 添加文字 选择工具箱中的文字工具，在页面上输入文字，并在"字符"面板中设置文字的字体、字号等参数。然后双击文字图层，在弹出的"图层样式"对话框中选择"内阴影"选项，设置参数，为其添加效果 15 16 17。

09 **创建剪贴蒙版** 执行"文件 >
打开"命令，在弹出的对话框中选
择"竖条 .png"素材，将其打开拖
入到场景中，然后执行"图层 > 创
建剪贴蒙版"命令，为其创建剪贴
蒙版 18 19 。

10 **创建文字** 使用同样的方法制
作其他文字 20 21 。

11 **打开文件** 执行"文件 > 打开"命令，在弹出的对话框中选择"标志 .png"素材，将其打开拖入到场景中，
并放置到合适的位置 22 23 。

第 23 章

UI 设计应用

本章主要讲解智能手机中日历图标、收音机图标、金属
按钮、进度条和下拉菜单的设计，使读者了解智能手机中控件、
图标、按钮的制作方法，并掌握 UI 的色彩搭配。

ICON 图标制作

● 光盘路径
Chapter23\Media

Keyword ● 圆角矩形工具、文字工具、图层样式、钢笔工具

在智能手机中有各种各样的图标，本节介绍如何制作手机图标，并介绍在制作过程中需要注意的问题以及图标的设计原理。

矢量 ICON1——日历图标

（案例综述）

本例讲解的是如何制作日历图标，在智能手机中，日历图标是随处可见的一种图标，本例学习如何将看似简单的图标做得更加时尚。

（设计规范）

尺寸规范	800×700（像素）
主要工具	图层样式、圆角矩形工具
文件路径	Chapter23\23-1-1.psd
视频教学	23-1-1.avi

（案例分析）

本例首先使用圆角矩形工具绘制日历图标的形状，然后添加图层样式制作立体感，最后使用文字工具在页面上输入文字突出图标的主题。

操作步骤：

01 **新建文件** 执行"文件 > 新建"命令或按快捷键 Ctrl+N，弹出"新建"对话框，设置参数新建文件 **01** **02** 。

宽度(W):	800	像素 ▼
高度(H):	700	像素 ▼
分辨率(R):	300	像素/英寸 ▼
颜色模式(M):	RGB 颜色 ▼	8 位 ▼
背景内容(C):	白色 ▼	

02 绘制形状

选择工具箱中的圆角矩形工具 ■，在选项栏中设置工作模式为"形状"、填充颜色为咖啡色（R：62，G：26，B：4）、半径为 55 像素，然后在页面上绘制形状，并将图层名称修改为"木板底部" 03 04 05 。

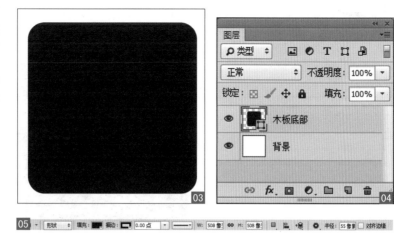

05 形状 填充 描边 0.00 点 W: 508 像 H: 508 像 半径 55 像 对齐边缘

03 添加效果

双击"木板底部"图层，在弹出的"图层样式"对话框中选择"描边""渐变叠加"选项，设置参数，为其添加效果 06 07 08 。

04 添加效果

在"图层样式"对话框中选择"内发光""投影"选项，设置参数，为其添加效果 09 10 11 。

05 **绘制形状** 使用同样的方法制作出"木板底部"   。

06 **创建剪贴蒙版** 执行"文件 > 打开"命令，在弹出的对话框中选择"木纹 . jpg"素材，将其打开拖入到场景中，然后在"图层"面板中将该图层的混合模式设置为"柔光"，并执行"图层 > 创建剪贴蒙版"命令，为图层创建剪贴蒙版。

07 **绘制形状** 选择工具箱中的圆角矩形工具 ，在选项栏中设置工作模式为"形状"、填充颜色为任意色、半径为 30 像素，在页面上绘制形状，并将图层名称修改为"纸张"。然后双击该图层，在弹出的"图层样式"对话框中选择"渐变叠加""投影"选项，设置参数，为其添加效果 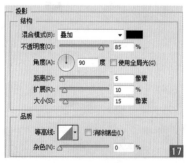 。

08 **制作其他效果**　使用同样的方法制作出其他效果19 20。

09 **绘制形状**　选择工具箱中的钢笔工具，在选项栏中设置工作模式为"形状"，在页面上绘制形状，并将图层名称修改为"右边固定栓底部"。然后双击该图层，在弹出的"图层样式"对话框中选择"颜色叠加"、"斜面和浮雕"选项，设置参数，为其添加效果21 22 23。

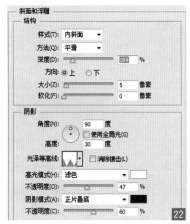

10 **绘制阴影**　选择工具箱中的钢笔工具，在选项栏中设置工作模式为"路径"，在页面上绘制路径，并按下快捷键 Ctrl+Enter 将路径转换为选区，按下快捷键 Shift+F6 在弹出的"羽化选区"对话框中设置羽化半径为 5 像素。然后设置前景色为黑色，按下快捷键 Alt+Delete 填充颜色，按下快捷键 Ctrl+D 取消选区，将图层名称修改为"阴影"，在"图层"面板中将该图层的不透明度调整为 50%24 25 26。

11 绘制形状 选择工具箱中的椭圆工具 ，在选项栏中设置工作模式为"形状"、填充颜色为咖啡色（R：86，G：42，B：12），按住 Shift 键在页面上绘制正圆，并将图层名称修改为"右边圆形"。然后双击该图层，在弹出的"图层样式"对话框中选择"内阴影""投影"选项，设置参数，为其添加效果27 28 29。

12 绘制形状 选择工具箱中的钢笔工具 ，在选项栏中设置工作模式为"形状"，在页面上绘制形状，并将图层名称修改为"右边固定栓"。然后双击该图层，在弹出的"图层样式"对话框中选择"斜面和浮雕""渐变叠加"选项，设置参数，为其添加效果30 31 32。

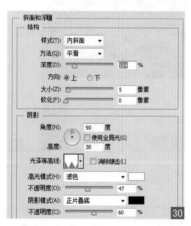

13 绘制形状 使用同样的方法制作出左边的固定栓33 34。

14 **添加文字** 选择工具箱中的文字工具 T.，在页面上输入文字，在"字符"面板中设置文字的字体、字号、颜色等参数 35 36。

15 **添加投影** 双击文字图层，在弹出的"图层样式"对话框中选择"投影"选项，设置参数，为其添加效果 37 38。

16 **添加文字** 选择工具箱中的文字工具 T.，在页面上输入文字，在"字符"面板中设置文字的字体、字号、颜色等参数 39 40。

17 **添加效果** 双击文字图层，在弹出的"图层样式"对话框中选择"内阴影""投影"选项，设置参数，为其添加效果 41 42 43。

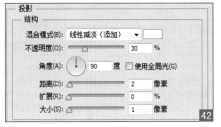

253

矢量 ICON2——收音机图标

案例 2

案例综述

　　本例讲解的是如何制作收音机图标，和上一个案例一样，在智能手机中，收音机图标也很常见，本例学习利用"图层样式"如何将图标设计得更加有趣。

设计规范

尺寸规范	800×600（像素）
主要工具	钢笔工具、圆角矩形工具
文件路径	Chapter23\23-1-2.psd
视频教学	23-1-2.avi

案例分析

　　本例首先使用圆角矩形工具绘制收音机图标的形状，然后添加图层样式制作立体感。

操作步骤：

01 **打开文件** 执行"文件 > 打开"命令，在弹出的对话框中选择"背景.jpg"素材 01 02 。

02 **绘制形状** 选择工具箱中的钢笔工具 ，在选项栏中设置工作模式为"形状"、填充颜色为任意色，在页面上绘制形状，并将图层名称修改为"天线" 03 04 。

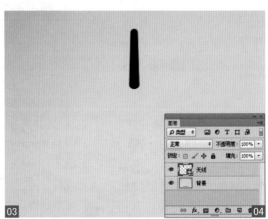

03 添加效果 双击"天线"图层，在弹出的对话框中选择"斜面和浮雕""渐变叠加"选项，设置参数，为其添加效果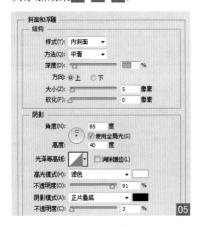。

04 绘制形状 选择工具箱中的圆角矩形工具 ▣，在选项栏中设置工作模式为"形状"、填充颜色为浅灰色（R：239，G：238，B：233）、半径为 80 像素，在页面上绘制形状，并将图层名称修改为"收音机底部"。然后双击该图层，在弹出的"图层样式"对话框中选择"内阴影"、"渐变叠加"选项，设置参数，为其添加效果。

05 绘制形状 使用同样的方法制作出其他效果。

06 添加素材 执行"文件＞打开"命令，在弹出的"打开"对话框中选择"声孔.png"素材，将其打开拖入到场景中，并放置到合适的位置 13 14。

07 绘制形状 选择工具箱中的椭圆工具 ◯，在选项栏中设置工作模式为"形状"、填充颜色为任意色，按住 Shift 键在页面上绘制正圆，将图层名称修改为"右边圆形按钮"，并在"图层"面板中设置填充为 0%。然后双击该图层，在弹出的"图层样式"对话框中选择"描边"选项，设置参数，为其添加效果 15 16 17。

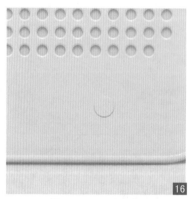

08 添加效果 在"图层样式"对话框中选择"内阴影""投影"选项，设置参数，为其添加效果 18 19 20。

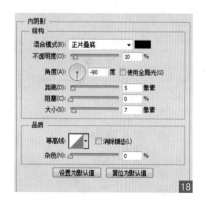

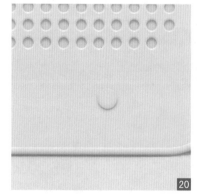

09 绘制形状 选择工具箱中的钢笔工具 ，在选项栏中设置工作模式为"形状"、填充颜色为黑色，在页面上绘制形状，将图层名称修改为"加号"，并在"图层"面板中设置填充为 10%。然后双击该图层，在弹出的"图层样式"对话框中选择"内阴影""投影"选项，设置参数，为其添加效果 21 22 23 。

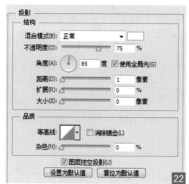
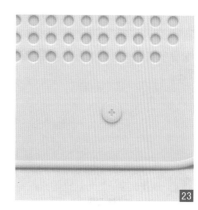

10 绘制形状 使用同样的方法制作出其他效果 24 25 。

11 绘制形状 使用同样的方法制作出中间按钮。选择工具箱中的矩形工具 ，在选项栏中设置工作模式为"形状"、填充颜色为黑色，在页面上绘制矩形，并在"图层"面板中设置填充为 10%。然后执行"图层 > 创建剪贴蒙版"命令，为其创建剪贴蒙版，再双击该图层，在弹出的"图层样式"对话框中选择"内阴影"、"投影"选项，设置参数，为其添加效果 26 27 28 。

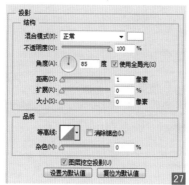
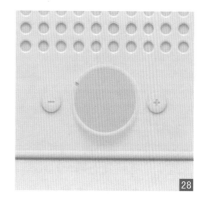

12 **制作高光** 使用同样的方法制作出按钮背景。选择工具箱中的钢笔工具 ，设置工作模式为"形状"、填充为白色到透明的渐变，在页面上绘制矩形，并将图层名称修改为"高光"，然后在"图层"面板中设置不透明度为65% 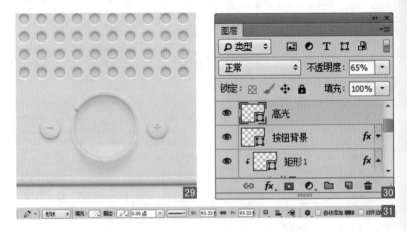 。

13 **制作文字** 使用同样的方法制作出文字效果 。

14 **制作高光** 使用同样的方法制作其他高光效果 。

● 光盘路径

Chapter23\Media

Section 23.2　各类 UI 小零件设计

● Level
◇◇◇

● Version
CS4、CS5、CS6、CC

Keyword　● 椭圆工具、钢笔工具、图层样式

在智能手机中有各种各样的按钮，本节介绍如何制作手机按钮，并介绍在制作过程中需要注意的问题以及按钮的设计原理。

案例 1　金属按钮设计

案例综述

在智能手机中按钮图标是经常出现的图标，本例重点制作金属拉丝效果、立体效果以及利用光影知识制作发光效果。

设计规范

尺寸规范	800×600（像素）
主要工具	图层样式、椭圆工具
文件路径	Chapter23\23-2-1.psd
视频教学	23-2-1.avi

案例分析

本例首先使用椭圆工具绘制正圆，然后添加图层样式体现按钮的金属质感以及金属的拉丝效果。

操作步骤：

01 新建文件 执行"文件 > 新建"命令或按快捷键 Ctrl+N，弹出"新建"对话框 **01**，设置前景色为深蓝色（R：25，G：31，B：46），按下快捷键 Alt+Delete 填充颜色 **02**。

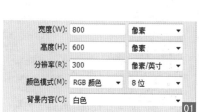

宽度(W):	800	像素 ▼
高度(H):	600	像素 ▼
分辨率(R):	300	像素/英寸 ▼
颜色模式(M):	RGB 颜色 ▼	8 位 ▼
背景内容(C):	白色	▼

01

02

02 绘制形状 选择工具箱中的椭圆工具，在选项栏中设置工作模式为"形状"、填充颜色为深灰色（R：26，G：28，B：35），按住 Shift 键在页面上绘制正圆。然后双击该图层，在弹出的"图层样式"对话框中选择"内阴影""渐变叠加"选项，设置参数，为其添加效果03 04 05。

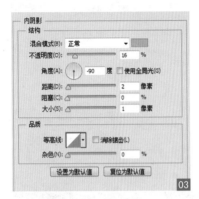

03 绘制形状 使用同样的方法继续制作正圆06 07。

04 绘制形状 继续使用椭圆工具绘制正圆，得到"椭圆 3"图层，然后双击"椭圆 3"图层，在弹出的"图层样式"对话框中选择"渐变叠加"选项，设置参数，为其添加效果08 09。

05 绘制形状 使用同样的方法绘制其他正圆10 11。

06 绘制形状　选择工具箱中的椭圆工具 ，在选项栏中设置工作模式为"形状"、填充颜色为任意色，按住 Shift 键在页面上绘制正圆，并在"图层"面板中设置填充为 0%。然后双击该图层，在弹出的"图层样式"对话框中选择"描边"选项，设置参数，为其添加效果 12 13 14 。

07 绘制形状　使用同样的方法制作其他效果，并为其创建一个组，将纹理图层放到组中，在"图层"面板中将组的不透明度调整为 13% 15 16 。

08 绘制形状　使用同样的方法制作其他效果。选择工具箱中的钢笔工具 ，设置工作模式为"形状"、填充颜色为深灰色（R: 95, G: 103, B: 121），在页面上绘制形状。然后双击该图层，在弹出的"图层样式"对话框中选择"内阴影"选项，设置参数，为其添加效果，并为该按钮创建组，命名为"左边按钮" 17 18 。

09 绘制形状　使用同样的方法制作右边按钮 19 20 。

案例 2

进度条、下拉菜单设计

(案例综述)

本例介绍如何制作进度条和下拉菜单，主要使用椭圆工具、圆角矩形工具制作图标的形状，并配合文字使图标变得更具有时尚感。

(设计规范)

尺寸规范	500×375（像素）
主要工具	文字工具、椭圆工具
文件路径	Chapter23\23-2-2.psd
视频教学	23-2-2.avi

(案例分析)

本例主要使用椭圆工具、矩形工具绘制形状，并为形状添加图层样式使图标更加立体，更加精致，然后使用文字工具添加文字，使图标看起来更加充实。

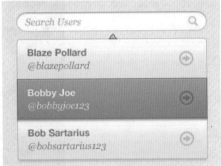

操作步骤：

01 打开文件 执行"文件 > 打开"命令，在弹出的对话框中选择"背景.jpg"素材 01。

02 绘制形状 选择工具箱中的椭圆工具 ◯，在选项栏中设置工作模式为"形状"、填充颜色为深灰色（R：23，G：22，B：33），在页面上绘制形状 02。

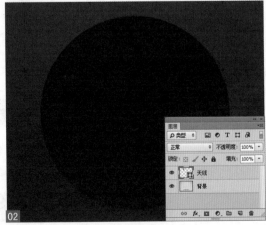

03 添加效果 双击"椭圆 1"图层，在弹出的"图层样式"对话框中选择"描边""内发光"选项，设置参数，为其添加效果 03 04 05 。

04 添加效果 选择工具箱中的钢笔工具 ，在选项栏中设置工作模式为"形状"、填充颜色为任意色，在页面上绘制形状，并将图层名称修改为"半圆"。然后双击该图层，在弹出的"图层样式"对话框中选择"渐变叠加"选项，设置参数，为其添加效果，再执行"图层 > 创建剪贴蒙版"命令为其创建剪贴蒙版 06 07 08 。

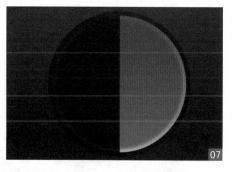

05 绘制形状 新建"矩形 1"图层，选择工具箱中的矩形选框工具 ，在页面上绘制矩形选框。然后选择工具箱中的渐变工具 ，在选项栏中选择线性渐变，单击"点按可编辑渐变"按钮 ，在弹出的对话框中设置颜色为黑色到透明，单击"确定"按钮，接着在选框内拖曳鼠标为选框填充渐变，按下快捷键 Ctrl+D 取消选区 09 10 11 。

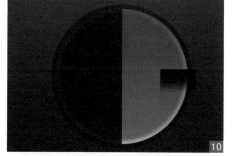

06 绘制形状 在"图层"面板中设置"矩形 1"图层的混合模式为"柔光"，然后 执行"图层 > 创建剪贴蒙版"命令，为其创建剪贴蒙版 12 13 。

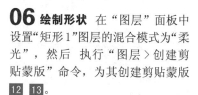
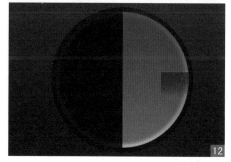

07 **绘制形状** 使用同样的方法制作其他效果 14 15 。

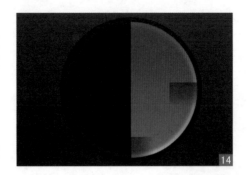

08 **绘制形状** 选择工具箱中的钢笔工具 ，在选项栏中设置工作模式为"形状"、填充颜色为任意色，在页面上绘制形状，并将图层名称修改为"进度条"。然后双击该图层，在弹出的"图层样式"对话框中选择"渐变叠加"选项，设置参数，为其添加效果 16 17 18 。

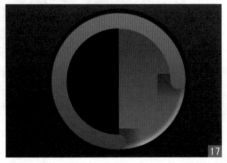

09 **绘制形状** 选择工具箱中的椭圆工具 ，在选项栏中设置工作模式为"形状"、填充颜色为深灰色（R：23，G：22，B：33），在页面上绘制形状。然后双击该图层，在弹出的"图层样式"对话框中选择"斜面和浮雕""内发光"选项，设置参数，为其添加效果 19 20 21 。

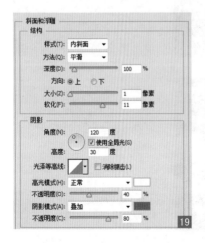

10 **添加效果**　在"图层样式"对话框中选择"渐变叠加""投影""外发光"选项，设置参数，为其添加效果 22 23 24 25。

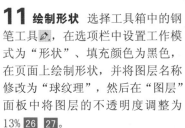

11 **绘制形状**　选择工具箱中的钢笔工具，在选项栏中设置工作模式为"形状"、填充颜色为黑色，在页面上绘制形状，并将图层名称修改为"球纹理"，然后在"图层"面板中将图层的不透明度调整为13% 26 27。

12 **绘制高光**　新建一个"高光"图层，然后选择工具箱中的画笔工具，在选项栏中选择一个虚一点的画笔笔触，设置前景色为白色，在页面上绘制高光。单击"图层"面板下方的"添加图层蒙版"按钮，为图层添加图层蒙版，然后在图层蒙版中使用椭圆选框工具绘制选区，按下快捷键 Ctrl+Shift+I 将选区进行反选，为选区填充灰色（R：120，G：120，B：120），并按下快捷键 Ctrl+D 取消选区 28 29。

13 **添加效果** 在"图层"面板中将"高光"图层的混合模式修改为"叠加"、将不透明度调整为74%  。

14 **添加效果** 使用同样的方法制作高光  。

15 **添加文字** 选择工具箱中的文字工具 ，在页面上输入文字，在"字符"面板中设置文字的"字体""字号""颜色"等  。

16 **添加效果** 双击文字图层，在弹出的"图层样式"对话框中选择"斜面和浮雕""渐变叠加""投影"选项，设置参数，为其添加效果  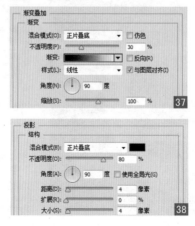 。

17 **添加文字** 使用同样的方法制作其他文字

18 **绘制形状** 选择工具箱中的椭圆工具 ⬭，在选项栏中设置工作模式为"形状"、填充颜色为深灰色（R：53，G：49，B：72），在页面上绘制形状，并将该图层的顺序调整到"75%"文字图层之下 42 43 。

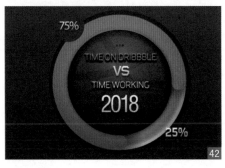

19 **添加效果** 双击"椭圆 3"图层，在弹出的"图层样式"对话框中选择"描边""内阴影""外发光"选项，设置参数，为其添加效果 44 45 46 47 。

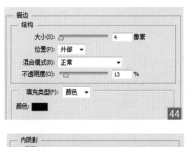

20 **添加形状** 使用同样的方法添加形状 48 49 。

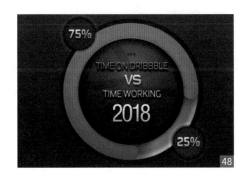

21 打开文件 执行"文件>打开"命令，在弹出的对话框中选择"背景.jpg"素材将其打开 。

22 绘制形状 选择工具箱中的圆角矩形工具，在选项栏中设置工作模式为"形状"、填充颜色为白色、半径为80像素，在页面上绘制形状，并在"图层"面板中将该图层的名称修改为"搜索栏"  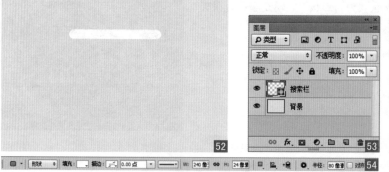。

23 添加效果 双击"搜索栏"图层，在弹出的"图层样式"对话框中选择"斜面和浮雕""描边""内阴影"选项，设置参数，为其添加效果 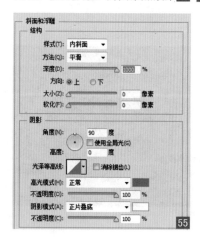 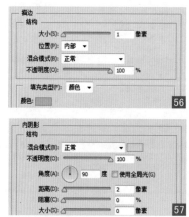 。

24 添加文字 选择工具箱中的文字工具 **T.**，在页面上输入文字，并在"字符"面板中设置文字的"字体""字号""颜色"等参数  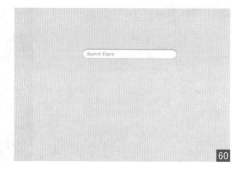。

25 绘制形状　选择工具箱中的钢笔工具 ，在选项栏中设置工作模式为"形状"、填充颜色为浅灰色（R：196，G：198，B：210），在页面上绘制形状，并将该图层的名称修改为"搜索标志" 61 62 。

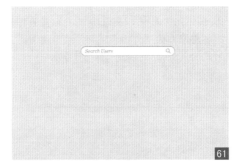

26 绘制形状　选择工具箱中的矩形工具 ，在选项栏中设置工作模式为"形状"、填充颜色为白色，在页面上绘制形状，并将该图层的名称修改为"底部"。然后双击该图层，在弹出的"图层样式"对话框中选择"内阴影"、"渐变叠加"选项，设置参数，为其添加效果 63 64 65 66 。

27 绘制形状　使用同样的方法在页面上绘制形状和添加文字 67 68 。

28 绘制形状　使用同样的方法在页面上绘制形状和添加文字 69 70 。

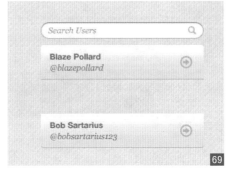

29 **绘制形状** 选择工具箱中的圆角矩形工具 █，在选项栏中设置工作模式为"形状"、填充颜色为无颜色，在页面上绘制形状，并将该图层的名称修改为"外框"。然后双击该图层，在弹出的"图层样式"对话框中选择"描边""投影"选项，设置参数，为其添加效果 71 72 73 74。

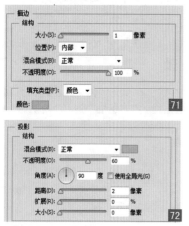

30 **绘制形状** 使用同样的方法在页面上绘制形状和添加文字 75 76。

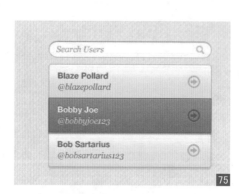

31 **绘制形状** 选择工具箱中的多边形工具 █，在选项栏中设置工作模式为"形状"、填充颜色为浅灰色（R：192，G：195，B：210）、边为"3"，并单击 █ 按钮，在弹出的下拉菜单中将 "星形""平滑拐角"取消选中，然后在页面上绘制三角形 77 78。

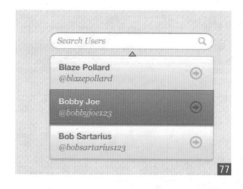

第 24 章

插画应用

插画又称插图，它是运用图案表现形象的一种艺术设计
手段。插画的应用范围有平面和电子媒体、书籍、商业场馆、
公众机构、商品包装、影视演艺海报、企业广告、T恤、日记本、
贺年片等领域，本章主要介绍如何利用照片来制作各种各样
的插画效果。

Section
24.1

● Level
◇◇◇
● Version
CS3、CS4、CS5、CS6

制作具有插画风格的图片

● 光盘路径
Chapter24\Media

Keyword	● 羽化、色调分离、曲线、反相

　　大家见过画家绘制的各种人物像，也可能在街边遇见画人物像的画家时想给自己画一张。其实只要有一张自己的照片，利用Photoshop软件就可以制作出各种插画风格的图片，无论是素描还是水彩。

打造水彩人像

案例综述

　　画笔工具类似于传统的毛笔，它使用前景色绘制线条。画笔工具不仅能绘制图画，还可以修改蒙版和通道。本例应用画笔工具结合滤镜将人物照片转化成水彩风格照片。

设计规范

尺寸规范	752×500（像素）
主要工具	色调分离、图层混合模式
文件路径	Chapter24\24-1-1.psd
视频教学	24-1-1.avi

修图分析

　　本例需要先将人物完整地抠下来，再对人物进行去色，利用"曲线""色调分离"和滤镜将人物制作成水彩效果，最后添加上制作成水彩效果的背景，则水彩人像照片就完成了。

操作步骤：

01 打开文件 执行"文件＞打开"命令或按下快捷键Ctrl+O，打开素材"24-1-1.jpg"文件**01**，其"通道"面板为**02**。然后复制"背景"图层，得到"背景 副本"图层。

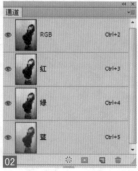

02 将人物载入选区　选择魔棒工具 🔲，设置容差为 20，在图像人物背景处按住 Shift 键连续单击鼠标左键，直到将人像以外的区域全部载入选区 03，然后执行"选择 > 反向"命令，将人物载入选区 04。

03 羽化　对载入选区后的人像执行"选择 > 修改 > 羽化"命令，在弹出的"羽化选区"对话框中设置半径值 05。然后按下快捷键 Ctrl+C 复制选区，新建"图层 1"图层 06，并按下快捷键 Ctrl+V 粘贴人像 07。

04 抠图效果　隐藏"背景 副本"图层和"背景"图层 08，可以看到抠出来的完整人像 09。

273

05 **去色** 复制"图层 1"图层，得到"图层 1 副本"图层 **10**，然后对"图层 1 副本"图层执行"图像 > 调整 > 去色"命令，去掉人像色彩 **11**。

06 **复制图层** 将"图层 1 副本"图层拖曳到"图层"面板下方的"创建新图层"按钮 回 上，复制"图层 1 副本"图层，得到"图层 1 副本 2"图层 **12**，并将其隐藏 **13**。

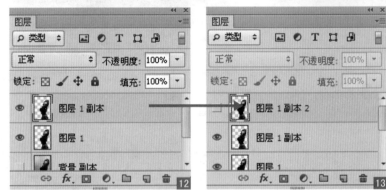

07 **色调分离** 选择"图层 1 副本"图层，执行"图像 > 调整 > 色调分离"命令，在弹出的"色调分离"对话框中设置"色阶"为 4 **14**，图像效果为 **15**。

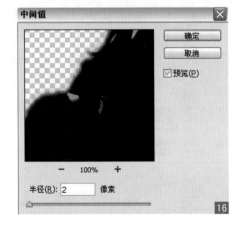

08 **中间值** 执行"滤镜 > 杂色 > 中间值"命令，在弹出的"中间值"对话框中设置半径 **16**，完成后单击"确定"按钮，减少图像中的杂色，柔化图像 **17**。

09 **调整曲线**　执行"图像 > 调整 > 曲线"命令，在弹出的"曲线"对话框中设置节点位置18，完成后单击"确定"按钮调整图像色调，使其变亮19。

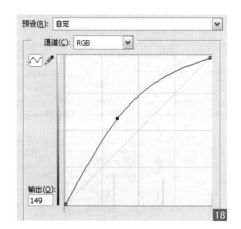

10 **调整阈值**　单击"图层 1 副本 2"图层前的眼睛图标，选择"图层 1 副本 2"图层20，执行"图像 > 调整 > 阈值"命令，在弹出的"阈值"对话框中设置色阶21，完成后单击"确定"按钮，图像效果为22。

11 **中间值**　执行"滤镜 > 杂色 > 中间值"命令，在弹出的"中间值"对话框中设置半径23，完成后单击"确定"按钮，柔化图像24。

12 **设置混合模式**　设置图层的混合模式为"正片叠底"25，效果为26。

13 **设置混合模式** 将"图层1"图层置于顶层，设置该图层的混合模式为"强光" 27，效果为 28。

14 **描边** 按住 Ctrl 键单击"图层1"图层，将人物载入选区 29，新建"图层2"图层 30，然后执行"编辑 > 描边"命令，在弹出的"描边"对话框中设置各项参数 31，完成后单击"确定"按钮，为人像描边 32。

15 **导入素材** 将"素材7. jpg"文件 33 拖曳到素材"24-1-2. jpg"文件中，在"图层"面板中出现了"素材7"图层 34，单击鼠标右键，在弹出的快捷菜单中选择"栅格化图层"命令，将"素材7"图层转换成普通图层 35。

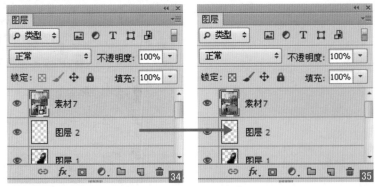

16 色调分离　对"素材 7"图层执行"图像 > 调整 > 色调分离"命令，在弹出的"色调分离"对话框中设置"色阶"为 4，完成后单击"确定"按钮，效果为 36。然后执行"图像 > 调整 > 反相"命令，图像效果为 37。

17 移动图层位置　将"素材 7"图层放置在"背景 副本"图层上方 38，可以看到水彩人像被制作出来 39。

18 绘制花朵　此时背景有点乱，需要修改。选择"素材 7"图层，单击"图层"面板下方的"创建新图层"按钮 ，新建"图层 3"图层，并设置前景色为绿色，选择画笔工具 进行设置 40，然后在图像上进行单击，绘制花朵，效果为 41。

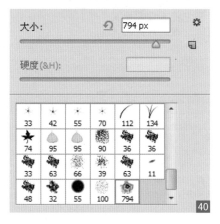

19 最终效果　设置图层的混合模式为"明度" 42，这样既遮盖了图像背景的杂乱又不失水彩风格。至此，本实例制作完成 43。

案例 2 打造艺术插画人像

案例综述

插画是一种独特的图形艺术形式，为书籍装帧中不可缺少的一部分，它是用来对文字进行视觉化翻译的造型艺术。随着"读图时代"的到来，插画这一古老而又时尚的视觉艺术形式跟随时代的步伐在书籍装帧中越来越显现其独特的艺术魅力。在各种书籍中不乏精美的插画，图文并茂的书籍总是更吸引人，本例学习如何制作艺术插画。

设计规范

尺寸规范	650×500（像素）
主要工具	选区、曲线、羽化
文件路径	Chapter24\24-1-2.psd
视频教学	24-1-2.avi

修图分析

"海报边缘"滤镜可以减少图像中颜色的数目，并将图案的边缘以黑线描绘，应用该滤镜后，图像将出现大范围的阴影区域。本实例先将人像抠出来与素材合成，然后结合"海报边缘"滤镜打造艺术插画人像。

操作步骤：

01 打开文件 执行"文件 > 打开"命令或按下快捷键 Ctrl+O，打开素材"24-1-2-1.bmp"文件 **01**，其"通道"面板为 **02**。然后复制"背景"图层，得到"背景副本"图层。

02 设置混合模式 设置图层的混合模式为"滤色" **03**，提亮图像的色调 **04**。

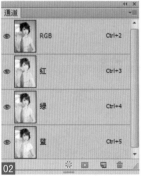

03 高斯模糊 按下快捷键 Ctrl+Alt+Shift+E 盖印图层，得到"图层 1"图层 05，然后执行"滤镜 > 模糊 > 高斯模糊"命令，在弹出的"高斯模糊"对话框中设置"半径"为 3.0 像素 06，完成后单击"确定"按钮，模糊图像 07。

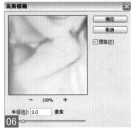

04 添加蒙版 单击"图层"面板下方的"添加图层蒙版"按钮，然后单击蒙版缩览图，按下快捷键 Alt+Delete 填充黑色 08。再选择画笔工具，设置前景色为白色，对人物的皮肤进行涂抹，可以看到皮肤变细腻了 09。

05 调整曲线 单击"图层"面板下方的"创建新的填充或调整图层"按钮，在下拉菜单中选择"曲线"命令，在弹出的"曲线"对话框中设置节点位置 10，完成后关闭对话框，调亮图像色调 11。

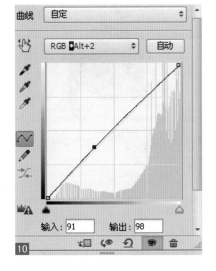

06 盖印图层 按下快捷键 Ctrl+Alt+Shift+E 盖印图层，得到"图层 2"图层 12，然后选择加深工具，放大图像，用加深工具刻画五官，效果为 13。

07 **载入选区** 选择钢笔工具，画出人物的嘴唇轮廓 14，然后单击"路径"面板中的"将路径作为选区载入"按钮，将路径载入选区 15。

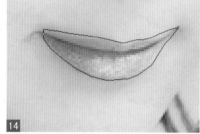
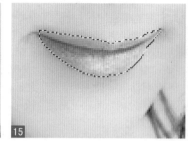

08 **添加杂色** 执行"滤镜 > 杂色 > 添加杂色"命令，在弹出的"添加杂色"对话框中设置各项参数 16，完成后单击"确定"按钮，为嘴唇添加淡淡的唇彩 17。

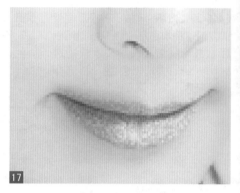

09 **抠图** 下面进行抠图。选择魔棒工具，单击选项栏中的"添加到选区"按钮，设置容差为 10，在人像背景处反复单击，直到背景全部被载入选区 18。然后执行"选择 > 反向"命令，将人像载入选区 19。

10 **复制选区** 按下快捷键 Ctrl+J 复制选区，按住 Alt 键单击"图层 3"图层 20，隐藏其他图层，得到完整的人像 21。

11 打开文件 执行"文件 > 打开"命令或按下快捷键 Ctrl+O，打开素材"24-1-2-2.bmp"文件 ，其"通道"面板为 23。选择移动工具，将抠出来的人像移动到素材"24-1-2-2.bmp"文件中，按住 Shift 键等比例缩放图像并放置到合适的位置，效果为 24。

12 复制图层 将"图层 1"图层拖曳到"图层"面板下方的"创建新图层"按钮 上，复制"图层 1"图层，得到"图层 1 副本"图层 25 26。

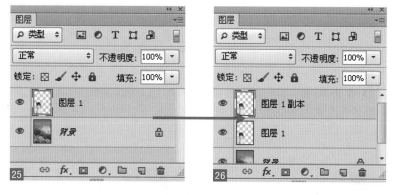

13 羽化 按住 Ctrl 键单击"图层 1 副本"图层，将人像载入选区 27，然后执行"选择 > 修改 > 羽化"命令，在弹出的"羽化选区"对话框中设置半径 28，完成后单击"确定"按钮。接着设置前景色为画面中石头的颜色 29，按下快捷键 Alt+Delete 进行填充 30。

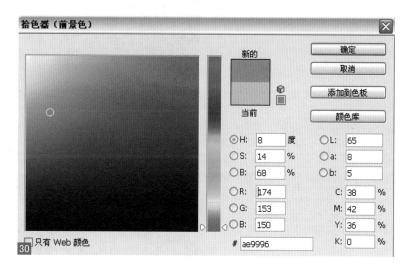

14 移动图层 将"图层 1"图层
置于顶层31，可以看到人像和背
景融为一体32。

15 合并图层 按下快捷键
Ctrl+Alt+E 合并图层，得到"背景"
图层33，然后将"背景"图层拖曳
到"图层"面板下方的"创建新图层"
按钮 上，复制得到"背景 副本"
图层34。

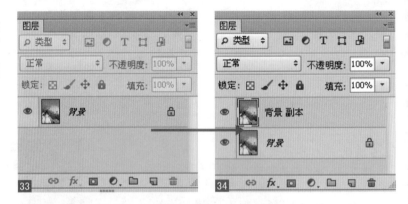

16 海报边缘 选择"背景 副本"
图层，执行"滤镜＞滤镜库"命令，
在"艺术效果"滤镜组中选择"海
报边缘"滤镜，在弹出的"海报边缘"
对话框中设置各项参数35，完成后
单击"确定"按钮，效果为36。

17 **设置混合模式**　设置图层的
混合模式为"柔光"、不透明度为
80% ，调亮图像的色调。

18 **素描**　按下快捷键 Ctrl+Alt+
Shift+E 盖印图层，得到"图层 1"
图层，然后执行"滤镜 > 滤镜库"
命令，在"素描"滤镜组中选择"影
印"滤镜并设置各项参数，完成
后单击"确定"按钮，效果为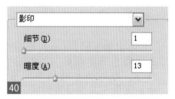。

19 **最终效果**　设置图层的混合
模式为"正片叠底"、不透明为 75%
，艺术插画人像制作完成 。

● 光盘路径
Chapter24\Media

Section

24.2

● Level
◇◇◇

● Version
CS3、CS4、CS5、CS6

游戏插画设计

Keyword ● 亮度 / 对比度、去色、曲线、图层混合模式

　　制作一款游戏，必然要有环境设定、人物设定等，而制作游戏的美工必须按照游戏开发的思路绘制出相应的图稿。在大量的图稿中，经过严格筛选，最终定稿的只有少数图稿。美工会画出很多不同的人物形象等，最终我们在游戏里看见的只是原画的部分精华。

案例

雅典娜女神——通过与 Poser 软件配合制作游戏插画

案例综述

　　本例将要配合使用 Poser 6 和 Photoshop CC 来完成，首先利用 Poser 6 完成人物造型，再导入到 Photoshop CC 中制作衣服、背景等。

设计规范

尺寸规范	752×500（像素）
主要工具	色彩调整、图层混合模式
文件路径	Chapter24\24-2-1.psd
视频教学	24-2-1.avi

修图分析

　　本例首先利用 Poser 6 渲染草图，用作人体动作、光泽和色泽的参考，然后在 Photoshop 中重新绘制作品。在对物品材质进行描绘的时候，Photoshop 中的图章工具是最高效的工具，使得材质更加自然。

操作步骤：

01 **打开文件** 打开 Poser，弹出 Poser 界面01。

Tips: 下面先利用 Poser 工具选择需要的人物模型，再调整人物模型的形态。

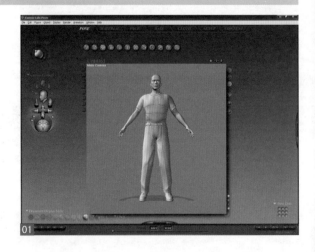

02 **调出选择栏**　单击红框标明的
范围02，调出模型的选择栏03。

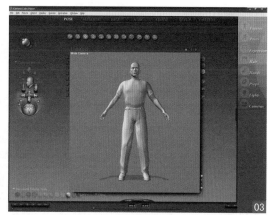

03 **打开模型**　单击右侧工具栏中
的 figures 按钮　　　，打开模型列
表，拖动菜单栏滑块，选中红框内
标注的模型（双击打开）04　05，
完成操作后，画面如06 。

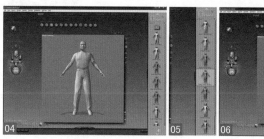

04 **调节参数**　选中人物模型，通
过鼠标在人物模型上稍微拖曳，改
变人物姿态，也可以通过调节 Poser
中模型的相应位置参数改变姿态。

> **Tips:**　Poser 是一款实时效
> 果的 3D 模型创建软件，所
> 以对计算机的性能有着较高
> 的要求。在操作过程中，如
> 果用户感觉显示模型的速度
> 不够流畅，可以尝试改变模
> 型的显示方式，在主窗口右
> 上方有 3 个圆形按钮，用户
> 可以尝试选择 Box Tracking
> 模式来提高显示速度，同时，
> 该模式使用户可以更准确、
> 直观地观察模型骨骼的形
> 态，所以为方便调整，可以
> 进一步选择 Fast Tracking
> 模式，使模型在调整过程中
> 呈现多边形的形态，调整停
> 止后，马上恢复到正常观察
> 状态，而 Full Tracking 模
> 式则提供全时的、正常的状
> 态显示07。

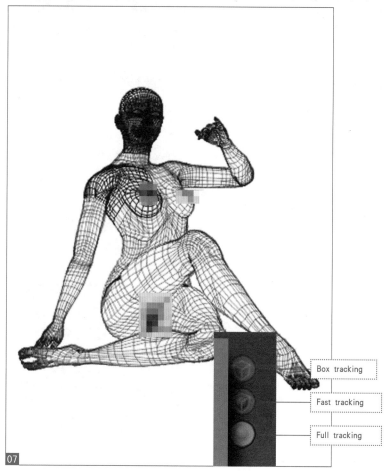

05 **添加光源** 确定人物造型后，给模型加上光源，这里使用"三点布光法"。利用 Poser 中的灯光控制（Light Control）功能，以较大的中心球体为模型主题，周围的 3 个较小球体为前面说到的 3 个光源，通过对它们位置的移动和数值上的设定，中心球体的光影会发生不同的变化，同时，利用左侧的摄像机控制（Camera Control）功能改变观察模型的视角，以方便操作08。

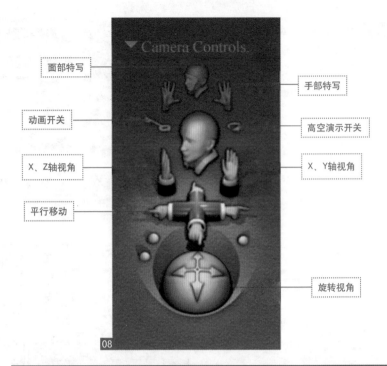

面部特写

手部特写

动画开关

高空演示开关

X、Z 轴视角

X、Y 轴视角

平行移动

旋转视角

06 **旋转物体** Rotate 工具用来旋转物体，选择该工具，按钮会变成桔黄色，然后在主窗口中选中要旋转的部分，按下左键向相应的方向拖动即可旋转；Twist 工具用来以肢体自身为轴进行旋转；Translate/Pull 工具用来移动肢体的空间位置，如果要使人物的脚离开地面，就必须使用该工具09，多角度调整模型，以观察如何才能最大限度地表现人物的线条美，在选定角度后仍可对人物的姿态、布光进行最后的微调，以求获得相对完美的效果10。

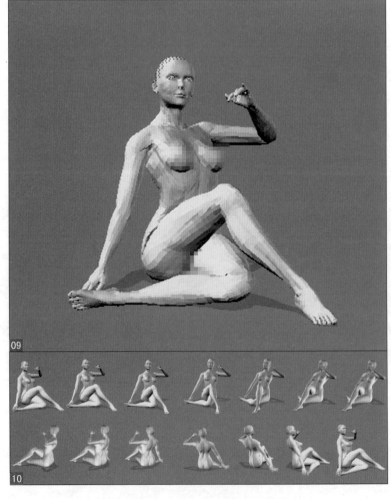

Tips: 对人物进行多方面的观察，将人物不完美之处进行更细致的刻画，力求达到更加完美的效果。

07 渲染　在 Poser 主菜单中选择 Render>Render Options 命令，设置渲染选项，在图像输出设定（Image Output Setting）中选择 Render to new window 选项，设置完成后单击下方的 Render Now 按钮，输出文件 11 12。

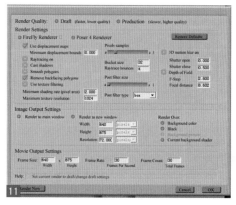

08 去掉背景色　执行"文件 > 打开"命令或按下快捷键 Ctrl+O，将之前 Poser 渲染出的图片导入 Photoshop，然后执行"图像 > 图像大小"命令，弹出"图像大小"对话框，设置需要制作的文件大小，选择魔棒工具 ，在人物模型背景上单击，去掉背景色 13。

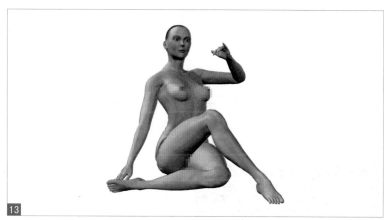

09 画笔描边　打开"图层"面板，选中导入的原图像，在"图层"面板的右上方设置图层的不透明度为 50%，然后单击"图层"面板下方的"创建新图层"按钮 ，创建一个新图层。接着选择画笔工具 ，在选项栏中设置合适的画笔属性，沿着人物模型边缘勾勒线稿，在勾勒时要边描边修改，力求底稿保留模型的特征、不失真 14 15。

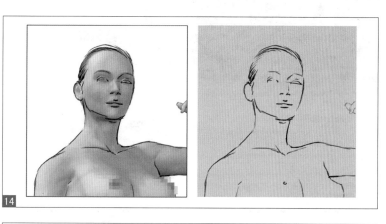

Tips:　使用画笔工具沿着人物模型边缘绘制线稿，需要不断地调整画笔的属性，该粗的地方粗，该细的地方细，使勾勒出的人物线稿显得十分自然。

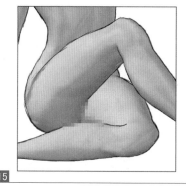

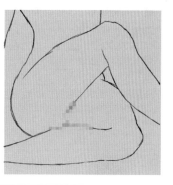

10 绘制装束 按照上述方法，以底稿为基础继续绘制，为人物绘制出个性的形象和装束，并且对 Poser 模型不足的地方进行进一步修改，在这个实例中，我们对其面部的方向和耳朵的形状进行了调整16。然后打开"图层"面板，选中导入的模型图层，设置图层的不透明度为 100%，对比一下线稿和模型的差异，并进行调整17 18。

11 调整色彩平衡 选中人物模型图像，执行"图像 > 调整 > 色彩平衡"命令，弹出"色彩平衡"对话框，设置参数，将模型的肤色调节为需要的紫色19，并将修改后的底稿再次叠加到模型上，使用笔刷工具对边缘进行绘制，以消除模型生成时边缘出现的锯齿，使其更加柔和、自然。在绘制过程中，可以不断使用吸管工具 在原始模型上选取绘制区域所用的色彩，以保证绘制部分与原始模型统一20。

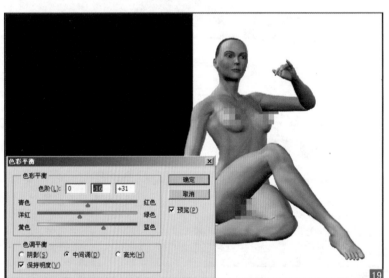 

12 绘制人物脸部 选择画笔工具，根据线稿重新绘制人物的面部朝向，拟定初稿21，22展示的就是修改前后的对比效果。

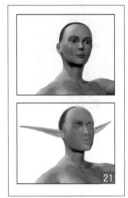  

13 **绘制脸部细节** 首先绘制眼睛，打开"图层"面板，新建一个图层，命名为"眉目"，然后选择画笔工具 ✎ ，在选项栏中设置合适的画笔属性（羽化效果的直径较小的笔刷），绘制出眼白和瞳孔中带有半透明和渐变特性的光泽 23 ，并使用画笔工具在皮肤层中绘制出眼影的细节，以表现眼部的质感 24 ，在选项栏中修改合适的画笔属性，在"眉目"图层中绘制睫毛和眉毛 25 。人物模型表面的色彩衔接，由于 Poser 本身的缘故，会呈现缺乏自然衔接的块状，所以需要在"皮肤"图层中进一步调节皮肤的高光部以及暗部，设置不同的颜色值，利用画笔工具完成不同亮度区域和色彩区域的自然渐变，同时给嘴唇涂上颜色和高光 26 。

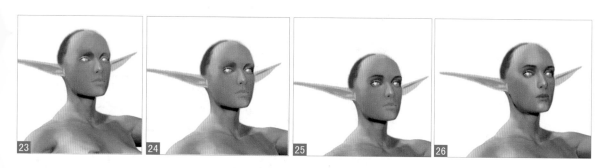

14 **画笔描边** 打开"图层"面板，新建一个图层，命名为"头发"，然后设置合适的笔刷、合适的颜色值，在该图层上画出头发部分。由于头发形成的大面积暗色调，与原绘制的面部可能存在协调上的问题，如果是这样，再次调节面部的亮度，使其配合更加自然 27 ，调整前景色，绘制头发的暗部 28 ，在选项栏中选用小直径的笔触绘制头发的高光部分 29 。

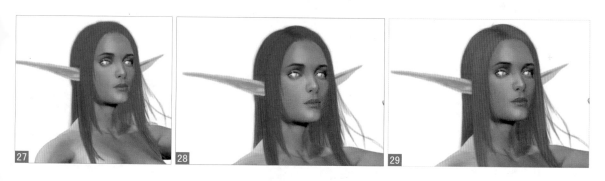

15 **绘制耳朵** 模型的耳部依照底稿制作而成，所以对于人物本身而言，形态难免过于生硬，因此选中"皮肤"图层，使用矩形选框工具 ⬚ 选中耳朵部分，按下快捷键 Ctrl+T 显示自由变换控制框 30 ，通过拖动控制框外的旋转手柄对选区进行旋转操作，再按下 Enter 键确认操作，使耳朵部分更符合生长的特性；对另一侧的耳朵执行相同的操作，注意两侧的协调 31 ，再按下快捷键 Ctrl++，放大工作区域，对耳朵的细节进行更多描绘，注意明暗和体积的关系，将刚才变换中出现的多余头发去掉 32 。

16 **去色** 按下快捷键 Ctrl+O，打开本书附带光盘中的 Chapter 24\Media\1n17.jpg，执行"图像 > 调整 > 去色"命令 33。

17 **调整亮度 / 对比度** 执行"图像 > 调整 > 亮度 / 对比度"命令，降低画面灰度，提升对比度，然后执行"编辑 > 定义图案"命令 34。

Tips: 对素材图像执行"调整"中的"去色"和"亮度 / 对比度"命令，改变了图像的颜色并增加了图像的亮度。

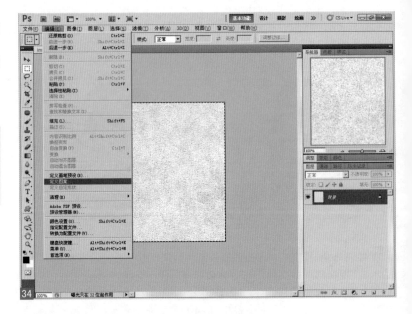

18 **定义图案** 在弹出的"定义图案"对话框中输入"1in17.jpg"，记住这个名字，单击"好"按钮，确认命名 35。然后新建一个图层，命名为"皮革质感"，根据之前绘制的底稿范围在该层上用单色画出皮革范围，这里所用的色彩为皮革固有色 36。

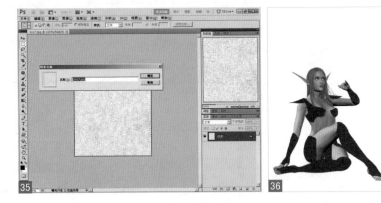

19 色彩范围 打开"图层"面板，分别单击背景图层和皮革图层以外的图层左边的眼睛图标，隐藏图层，然后选中皮革图层，执行"选择 > 色彩范围"命令37，在弹出的"色彩范围"对话框中设置颜色容差大小，使显示范围与绘制的"皮革"范围一致，之后单击"确定"按钮，确认该操作38。

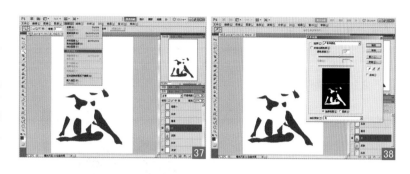

20 显示图层 打开"图层"面板，单击其他图层左边的眼睛图标，将隐藏的图层显示出来39。

21 设置填充 执行"编辑 > 填充"命令，弹出"填充"对话框，选择填充方式为"图案"40，然后单击"自定图案"右边的下拉按钮，选择需要的图案，单击"确定"按钮41。

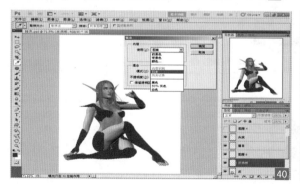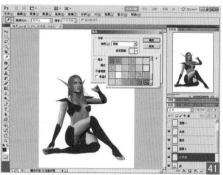

22 设置混合模式 打开"图层"面板，选中"皮革质感"图层，在"图层"面板的左上方设置图层的混合模式为"正片叠底"42，到此，作品中皮革的质感和固有色完成43。

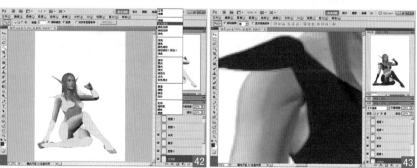

23 绘制金属和羽毛 打开"图层"面板，新建图层，分别命名为"金属"和"羽毛"，然后根据草稿用固有色完成两者的大致形状。设置前景色，选择另一色彩，要跟刚才绘制的固有色有所区别，在选项栏中不断更改画笔属性，以此来绘制每一片羽毛的干和边缘。同样，为了表现毛发的质感，选用较小的笔触来绘制羽毛的纹路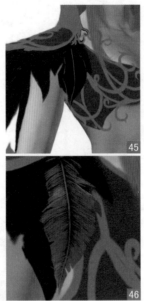，之后继续绘制所有羽毛的纹路，注意羽毛的明暗、色泽之间的穿插关系，以此来实现整体的透视感。

44

45

46

47

24 绘制颗粒 为了更好地把握画面，把背景色改为灰色。然后新建"金属"图层，在该图层绘制出大概的明暗关系48，在选项栏中设置较细小的画笔笔触49，绘制出颗粒感50。

48

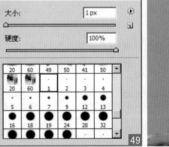
49

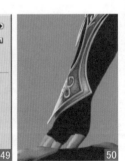
50

25 绘制金属护腿 利用图章工具快速地进行大面积绘制，然后选择套索工具，框选已绘制完成的一块金属护腿51，并在选区内单击鼠标右键，在弹出的快捷菜单中选择"通过拷贝的图层"命令，这样就顺利地建立了一个只有选中部分金属图案的新图层52。

51

52

26 **自由变化**　选中产生的新图层，按下快捷键 Ctrl+T，显示自由变换控制框53，参考之前完成的金属层单色部分调整该金属护腿的位置和角度，然后用鼠标任意单击，在弹出的对话框中单击"应用"按钮确认该操作，也可在控制框内双击或按 Enter 键确认该操作54。

> **Tips:**　下面结合图像旋转命令和滤镜等功能进一步调整金属护腿图像，使其与人物的腿部相贴合。

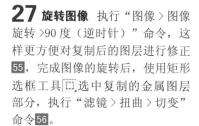

27 **旋转图像**　执行"图像 > 图像旋转 >90 度（逆时针）"命令，这样更方便对复制后的图层进行修正55，完成图像的旋转后，使用矩形选框工具□选中复制的金属图层部分，执行"滤镜 > 扭曲 > 切变"命令56。

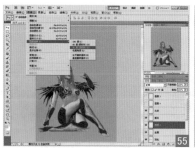

28 **切变**　在弹出的"切变"对话框中选择切变模式为"折回"，调节网格中的曲线，通过效果预览，若发现切变后的金属层与之前的单色层基本吻合，单击"确定"按钮，确认该操作57。完成上述操作后，执行"图像 > 图像旋转 >90 度（顺时针）"命令，把图像还原成原始角度58。

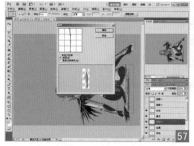
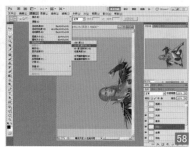

29 **擦除多余部分**　将图像放大，通过观察发现调整过的金属部分和原始底稿仍然有一定的误差，造成部分区域色彩有溢出，所以用之前绘制金属的方法进行调整，擦除多余部分，补上缺失的部分59，修改完成后的结果为60。

30 **合并图层** 打开"图层"面板，按住 Shift 键，选中刚刚完成的金属图层部分和原来建立的"金属"图层，单击鼠标右键，在弹出的快捷菜单中选择"合并图层"命令，至此，金属部分的绘制工作基本完成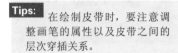。选中之前绘制的皮革图层，用笔刷绘制出皮革本身的明暗及色彩变化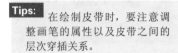。

Tips: 在绘制皮带时，要注意调整画笔的属性以及皮带之间的层次穿插关系。

31 **绘制皮带** 在"皮质感"图层上创建一个新图层，命名为"皮带"，然后在"皮带"图层上绘制出皮革边缘的线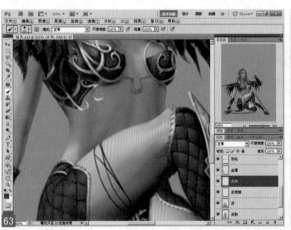，在护手和护腿部分同样绘制出皮带。

32 **调整皮肤** 观察发现，一直没有进行修正的皮肤色显得比较生硬，所以对皮肤的调整尤为必要。选中"皮肤"图层，然后选择画笔工具，在选项栏中设置合适的画笔属性，在该层上均匀涂抹，操作完成后，可以发现人物的肤色变得柔和了。

33 **绘制弓箭**　打开"图层"面板，在"背景"图层上方新建一个图层，命名为"弓箭"，然后设置合适的前景色，使用画笔工具绘制出弓箭的大致形状 **67**，并修整弓的形状，利用光照形成的明暗对比勾勒弓的边缘，使其外形更加精确 **68**。

34 **绘制花纹**　绘制弓上面的花纹 **69**。

Tips:　不断地更改前景色，使用画笔工具勾勒出弓的明暗对比关系，增强明暗对比度，体现弓的立体效果。由于弓上面的花纹非常细小，在绘制时，将画面放大，选用合适的画笔进行刻画，这样刻画出来的花纹才精美。

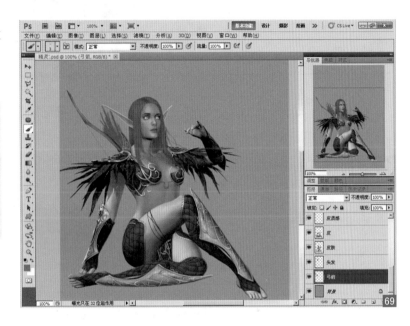

35 **绘制箭**　设置合适的前景色绘制箭，由于箭和弓在同一层，所以要注意物体的前后关系，不可以把弓的部分遮住了 **70**。跟绘制羽毛的方法相同，在箭的末端画上羽毛，并在末尾尖端的地方加上饰品，调整箭杆的位置，将羽毛下方的部分做成镂空状，将箭之间分离的状态绘制出来 **71**。

36 绘制鸟 新建一个图层，命名为"鸟"，然后根据线稿绘制鸟的大致形状72。

37 绘制面部轮廓 先绘制出面部的大致轮廓73，再对身体部分形态进行修正，并设置不同的颜色，为鸟绘制大致的颜色74。

38 绘制两翼 设置不同的颜色，为鸟绘制大致的颜色75，然后对两翼进行进一步描绘，刻画羽毛的细节部分76。

39 绘制线稿 打开"图层"面板，在"背景"图层上新建一个图层，然后在该层绘制场景的线稿77。选择画笔工具，在选项栏中设置合适的画笔属性以及合适的颜色，根据线稿，绘制出背景的大致颜色和形状78。

40 **细节描绘** 对背景进行进一步细节描绘，此时可以引入对比度的运用，对于不同远近的景物，让其呈现出不同的对比，以此来体现场景的透视感79。由于绘制流程的关系，人物一直在所选画布中"占地面积"较大，为了使之与背景配合，适当地将画面放大。首先执行"图像>画布大小"命令80。

41 **设置画布大小** 在弹出的"画布大小"对话框中选择"百分比"模式81，将"百分比"数值调节为115 82。

42 **自由变化图像大小** 单击"确定"按钮，可以发现，画布的可操作区域变大了83。选中"背景"图层，使用矩形选框工具框选图案的背景区域，然后单击鼠标右键，在弹出的快捷菜单中选择"自由变换"命令，将背景图像调整到和当前的画布同等大小84。

43 **选中多个图层** 通过拖动控制框外的控制点将背景图像调整到和当前的画布同等大小，然后按下Enter键或单击任意地方，在弹出的提示框中单击"应用"按钮，确认其操作85。打开"图层"面板，选中最上层的原始线稿层，按住Shfit键，选中背景线稿层上方的"弓箭"层，这样可以将多个图层同时选中，以方便我们用移动工具调整人物主体和鸟的位置86。

44 导入素材 选中"鸟"图层，调整鸟的位置，至此，背景绘制的首个阶段完毕，最终效果如87。按下快捷键Ctrl+O，打开"草地.jpg"素材，使用移动工具将其拖曳到当前正在操作的文件窗口中88。

45 调整图像大小 将其移动到"背景"图层的上方89，调整图像至合适的大小，在"图层"面板的左上方设置图层的混合模式为"柔光"，然后选择仿制图章工具，对其进行修改，使图像衔接更加自然90。

46 复制图层 打开"图层"面板，选中"草地"图层，将其拖曳到"图层"面板下方的"创建新图层"按钮上，复制"草地"图层，加强草地的厚重感91。然后选择橡皮擦工具，擦除掉草地的多余部分，通过在选项栏中调整橡皮擦的"不透明度"改变其边缘的羽化程度92。

47 **导入素材**　在擦除过程中，使草地素材呈现出逐渐融于水的效果 93。然后按下快捷键 Ctrl+O，打开本书附带光盘中的"树.jpg"素材，使用移动工具将其移动到当前正在操作的文件窗口中，并调整图像的大小和位置 94。

48 **设置混合模式**　在"图层"面板中将图层的混合模式设置为"柔光"，然后执行"图像 > 调整 > 曲线"命令 95。

Tips:　结合"曲线"命令、仿制图章工具、滤镜等功能制作树叶在迷雾中若隐若现的效果。

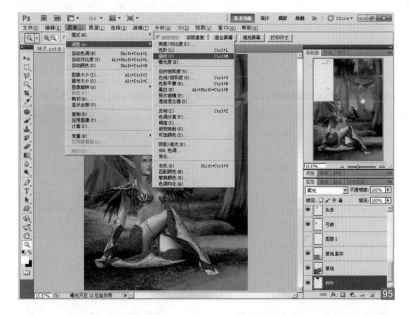

49 **调整曲线**　在弹出的"曲线"对话框中调整曲线形状，直到树叶可以透出下面的颜色，且明暗对比符合作品要求为止，单击"确定"按钮，然后选择仿制图章工具，将树叶覆盖到作品所需的范围 96 97。

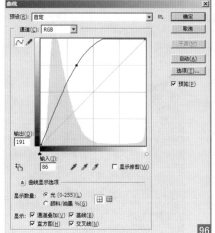

50 镜头模糊 执行"滤镜 > 模糊 > 镜头模糊"命令，弹出"镜头模糊"对话框，设置参数，然后单击"确定"按钮98，调整后的效果为99。

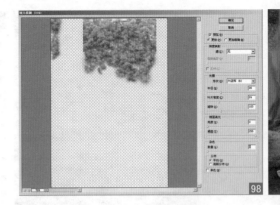

51 导入素材 复制"树叶"图层，通过对其明暗、色彩和透明度的调节使树叶显得更加丰富。然后和草地的制作一样，将多余的部分擦除，衔接处可通过调整橡皮的边缘羽化程度使过渡更加自然100。在"背景"图层上深入刻画树干和路灯的细节部分，按下快捷键 Ctrl+O，打开本书附带光盘中的"树皮 .jpg"素材，将其拖曳到当前正在操作的文件窗口中101。

52 绘制雾气效果 调整"树皮"图中的大小和位置，将图层的混合模式设置为"柔光"，将不透明度设置为 58% 102。新建一个图层，命名为"雾"，然后选择画笔工具，在选项栏中设置合适的画笔属性，按下 Alt 键，用吸管选取树干附近空气的蓝色，在树干周围绘制雾气的效果103。

53 **绘制花卉**　新建一个图层，命名为"花"，并设置合适的前景色，然后使用画笔工具绘制出花朵的大致形态 104 以及花卉的具体形状 105。

54 **绘制叶子**　设置合适的颜色和画笔属性，绘制叶子的具体形状，要注意与周围环境的衔接 106。然后进一步刻画花瓣的细节，通过增加高光和阴影来增强花瓣的质感 107。

Tips:　此处，通过在花瓣周围增加高光粒子效果，能够极大地增强整个画面的神秘感和美感。为花朵添加光晕效果，使花瓣周围的空气感和立体感顿时大大增强，提高了花朵的艳丽度。

55 **绘制雾气效果**　绘制产生花卉奇幻元素的光点 108，羽化光点，留意叶子的明暗关系和色彩变化，并注意花朵的衔接 109。在"花朵"图层下面新建一个图层，然后使用画笔工具喷出一片光晕，使得花瓣周围的空气感和立体感大大增强 110。

56 **绘制反光**　在"金属"图层上新建"金属颜色"图层，然后使用画笔工具在金属的反光部位绘制背景的蓝色 111，接着将该图层的混合模式设置为"叠加"，擦除反光过于夸张的部分，使之自然地附着于金属层表面 112。

57 绘制皮肤反光 使用同样的方法，在"皮肤"图层上新建"皮肤颜色"图层，在皮肤的反光部位绘制背景的蓝色光线 ，然后设置"皮肤颜色"图层的混合模式为"叠加"，修改反光层，在"皮"图层上新建"皮颜色"图层，并在皮的反光部位绘制背景的蓝色 。

58 绘制细节 将"皮质感"图层的混合模式设置为"叠加"，擦除多余部分 ，为统一背景和前景，可以加强背景和前景的交互关系。在"鸟"图层上新建"水"图层，着重刻画淹没人物脚部分的水，并将该图层的混合模式设置为"正片叠底" 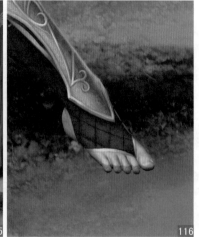。

59 最终效果 在"水"图层上新建"水波"图层，用暗调绘制出水的波纹 。在"背景"图层中，根据远近关系，可以进一步细化较近处的树干和树叶，而对于远处的元素，不必设置较高的对比度。至此，整个实例的制作完成，最终效果如 。

第 25 章

电商应用

随着电商之路的迅速发展，后期修图随之迎来了春天，工作室不再是修图师唯一的选择，有电商的地方就有修图师，电商修图虽然要求速度，但是质量同样不可忽视，因此电商修图要做到唯快不落、唯稳不错。

Section 25.1

● Level ◇◇◇
● Version
CS4、CS5、CS6、CC

各类产品修图技巧

Keyword ● 亮度／对比度、钢笔工具

在众多电商产品中，图片精美非常重要，用相机拍完照片后可以用Photoshop处理一下，使其更加精美。

案例 1 产品抠图

案例综述

本例讲解的是产品的抠图，在众多电商产品中，图片精美非常重要。我们所看到的产品图片大多是经过细致的抠图得到的，本例学习如何利用钢笔工具细致地抠图。

设计规范

尺寸规范	591×712（像素）
主要工具	钢笔工具
文件路径	Chapter25\25-1-1.psd
视频教学	25-1-1.avi

案例分析

本例学习如何使用钢笔工具进行抠图。在本例中，首先使用"亮度／对比度"命令提高图片中产品的亮度，使轮廓更加明显，然后利用钢笔工具进行抠图。

操作步骤：

01 **新建文件** 执行"文件＞打开"命令，在弹出的对话框中选择"背景.jpg"素材，将其打开 01 02 。

02 复制图层 选择"背景"图层，连续两次按下快捷键 Ctrl+J 复制图层，然后选择"图层 1 拷贝 2"图层 **03**，执行"图像 > 调整 > 亮度 / 对比度"命令，在弹出的"亮度 / 对比度"对话框中设置参数 **04** **05** 。

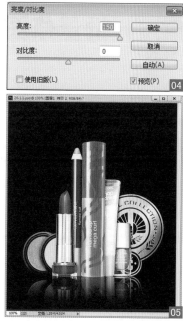

03 绘制路径 选择工具箱中的钢笔工具，在选项栏中选择工作模式为"路径"，在页面上勾画化妆品的轮廓，注意绘制闭合路径，绘制完成后，按下快捷键 Ctrl+Enter 将路径转换为选区 **06**。选择"图层 1"图层，按下 Delete 键删除背景色，按下快捷键 Ctrl+D 取消选区 **07**。

04 删除背景色 隐藏"图层 1 拷贝"图层和"背景"图层，新建"图层 2"图层，填充枣红色（R：150，G：0，B：41），并将该图层调整到"图层 1"之下，案例完成 **08** **09**。

案例
2
批量修图

案例综述

我们在用相机拍完照片之后，通常要把照片处理一下，但是大量的照片修改让我们头疼。下面学习 Photoshop 特有的图片处理方法——批处理，它的功能就是批量处理相同修改要求的图片，这个功能会大大提高工作效率。

设计规范

尺寸规范	342×513（像素）
主要工具	批处理、动作
文件路径	Chapter25\25-1-2.psd
视频教学	25-1-2.avi

案例分析

在本例中首先打开一张需要修图的照片，再利用"动作"面板录制对这张照片所做的所有动作，完成后停止录制动作，最后利用批处理选择照片所在的文件夹，对所有照片执行刚才录制的动作，批量修图就完成了。

操作步骤：

01 打开文件 执行"文件＞打开"命令或按下快捷键 Ctrl+O，打开素材"1.jpg"文件 01 02 。

02 打开"动作"面板　执行"窗口 > 动作"命令 03 或按下快捷键 Alt+F9，打开"动作"面板 04。

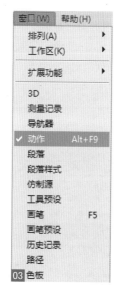

03 新建组　单击"动作"面板右侧的下拉菜单按钮 ▼☰，选择"新建组"命令 05，在弹出的"新建组"对话框中更改组名，然后单击"确定"按钮 06　07。继续单击"动作"面板右侧的下拉菜单按钮 ▼☰，选择"新建动作"命令 08，在弹出的"新建动作"对话框中更改动作名称，单击"记录"按钮结束 09，此时"动作"面板下方的"记录"按钮为红色，证明此时为记录状态 10。

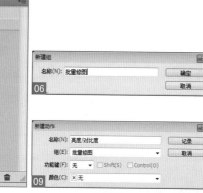

04 修图　执行"图像 > 调整 > 亮度 / 对比度"命令 11，在弹出的"亮度 / 对比度"对话框中设置参数，然后单击"确定"按钮 12，此时"动作"面板中已经记录下这一动作 13。

05 存储 执行"文件 > 存储为"命令，在弹出的"另存为"对话框中选择存储路径，然后单击"保存"按钮 **14**，在弹出的"JPEG 选项"对话框中设置参数，单击"确定"按钮结束 **15**。此时，"动作"面板中已经记录下这一动作，单击"动作"面板下方的"停止播放 / 记录"按钮，停止记录动作 **16**。

06 批处理 执行"文件 > 自动 > 批处理"命令，在弹出的"批处理"对话框中设置"播放"中的"组"为"批量处理"、"动作"为"亮度 / 对比度"。单击"源"右侧的下拉三角，选择"文件夹"，然后单击"选择"按钮，在弹出的"浏览文件夹"对话框中选择存储路径，单击"确定"按钮确定"源"文件夹的路径 **17**，设置目标为"存储并关闭"，单击"批处理"对话框中的"确定"按钮结束 **18**。此时，Photoshop 会自动对"源"组选择的文件夹中的所有图片进行处理，**19** 为批处理前的文件夹，**20** 为批处理后的文件夹。

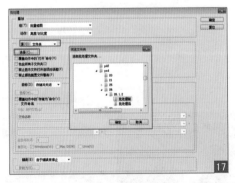

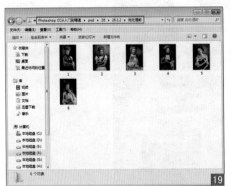

Section

25.2

● Level ────
◇◇◇
● Version ────
CS4、CS5、CS6、CC

淘宝产品界面制作

| Keyword | ● 色相／饱和度、曲线、蒙版、钢笔工具、选区 |

　　要经营好淘宝店铺，除了价格、服务、装修等因素外，其实图片也是关键。图片是否清晰、是否真实、是否能激起让客户购买的欲望决定了店铺的经营状况，据统计，好的图片能至少提高30%的销量。说到图片，大家都会想到用Photoshop处理，本节学习的就是用Photoshop制作淘宝产品界面。

直通车页面——珠宝翡翠产品界面

案例综述

　　本例制作珠宝翡翠产品界面，主色调为蓝色，以使产品更具有时尚、神秘感，蓝玫瑰的使用更加体现了戒指的高贵，白色金属字体的使用和戒指相辅相成。

设计规范

尺寸规范	1 000×700（像素）
主要工具	选区、横排文字工具、滤镜
文件路径	Chapter25\25-2-1.psd
视频教学	25-2-1.avi

案例分析

　　本例中首先利用选区抠取玫瑰花和人物，然后通过"曲线"命令调整画面整体的亮度，再利用"色相／饱和度"命令分别调整人物衣服、嘴唇以及手套的颜色，使它们更加符合整体色调，最后通过"图层样式"制作金属字体。

操作步骤：

01 **新建文件** 执行"文件＞新建"命令或按下快捷键 Ctrl+N，弹出"新建"对话框，新建一个尺寸为 1 000×700 像素的空白文件 01 02 。

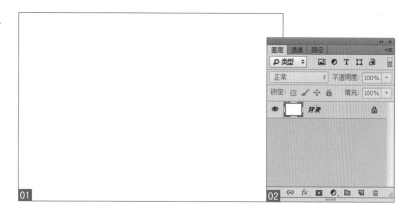

02 导入素材 执行"文件>打开"
命令或按下快捷键 Ctrl+O，打开
素材"25-2-1-1.jpg"文件，将
素材拖曳到场景文件中，按下快捷
键 Ctrl+T，自由变换图像的大小和
位置，并按下 Enter 键结束03 04。

03 转换为智能滤镜图片 执行
"滤镜>转换为智能滤镜"命令，将
图片转换为智能滤镜图片05 06。

04 高斯模糊 执行"滤镜>模糊
>高斯模糊"命令，在弹出的"高
斯模糊"对话框中设置参数，然后
单击"确定"按钮07 08。

05 抠图 执行"文件>打开"命
令或按下快捷键 Ctrl+O，打开素
材"25-2-1-2.jpg"文件，然后选
择工具箱中的快速选择工具，
沿着玫瑰花的边缘拖动，选择玫瑰
花选区09，并按下快捷键 Ctrl+J
键复制玫瑰花10。

06 导入素材 选择工具箱中的移动工具 ▶⊕，将玫瑰花拖曳到场景文件中，按下快捷键 Ctrl+T 自由变换图像的大小和位置，并按下 Enter 键结束 **11**。执行"滤镜 > 转换为智能滤镜"命令，将图片转换为智能滤镜图片 **12**。

07 高斯模糊 执行"滤镜 > 模糊 > 高斯模糊"命令，在弹出的"高斯模糊"对话框中设置参数，然后单击"确定"按钮 **13** **14**。

08 绘制蒙版 单击智能滤镜蒙版，在工具箱中选择画笔工具，在选项栏中设置画笔为柔角画笔，设置前景色为黑色，按住 Shift 键，利用键盘上的 [或] 键任意调整画笔大小，在蒙版中涂抹，显示部分区域 **15** **16**。

09 导入素材 执行"文件 > 打开"命令或按下快捷键 Ctrl+O，打开素材"25-2-1-3.png"文件，将素材拖曳到场景文件中，然后按下快捷键 Ctrl+T 自由变换图像的大小和位置，并按下 Enter 键结束 **17** **18**。

10 抠图 执行"文件 > 打开"
命令或按下快捷键 Ctrl+O，打开
素材"25-2-1-4.jpg"文件，然后
选择工具箱中的钢笔工具 ，在
选项栏中选择该工具的模式为路
径，绘制人物路径，并按下快捷键
Ctrl+Enter 将路径转化为选区 19，
按下快捷键 Ctrl+J 复制人物 20。

11 高斯模糊 选择工具箱中的移
动工具 ，将玫瑰花拖曳到场景
文件中，然后按下快捷键 Ctrl+T
自由变换图像的大小和位置，并按
下 Enter 键结束 21 22。

12 调整曲线 单击"图层"面板
下方的"创建新的填充或调整图层"
按钮 ，在弹出的菜单中选择"曲
线"命令，然后在打开的"属性"
面板中调整曲线 23 24。

13 调整色相 / 饱和度 选择工
具箱中的钢笔工具 ，在选项栏
中选择该工具的模式为路径，绘制
人物嘴唇路径，然后按下快捷键
Ctrl+Enter 将路径转换为选区 25。
单击"图层"面板下方的"创建新
的填充或调整图层"按钮 ，在
弹出的菜单中选择"色相 / 饱和度"
命令，在打开的"属性"面板中调
整参数 26。

14 改变人物衣服和手套的颜色 使用相同的方法分别改变人物衣服以及手套的颜色 27 28 29 30 。

15 镜头光晕 新建图层，设置前景色为黑色，按下快捷键 Alt+Delete 填充颜色，并设置图层的混合模式为"滤色"。执行"滤镜 > 渲染 > 镜头光晕"命令，在弹出的"镜头光晕"对话框中设置参数 31 ，单击"确定"按钮 32 ，然后单击"图层"面板下方的"添加矢量蒙版"按钮 ，选择黑色柔角画笔隐藏部分区域 33 34 。

16 添加文字 在工具箱中选择横排文字工具，在选项栏中设置字体为 Devil Breeze Medium、字号为12 点、颜色为黑色，在画面中输入文字。然后双击文字图层，在弹出的"图层样式"对话框中选择"斜面和浮雕"选项，设置参数 35 36 。

17 添加投影 继续在"图层样式"对话框中选择"投影"，设置参数37 38 。

产品全页面——化妆品产品界面

案例综述

化妆品产品海报是比较常见的一种海报类型，在日常生活中我们使用的化妆品大多有宣传海报，本例就来讲解如何制作化妆品产品的海报。

设计规范

尺寸规范	1 000×600（像素）
主要工具	钢笔工具、横排文字工具
文件路径	Chapter25\25-2-2.psd
视频教学	25-2-2.avi

案例分析

本例主要使用钢笔工具、文字工具和矩形工具，首先对人物使用钢笔工具进行细致的抠图，然后添加化妆品素材和文字制作出最终效果。

操作步骤：

01 **新建文件** 执行"文件 > 新建"命令或按下快捷键 Ctrl+N，弹出"新建"对话框，设置参数 **01** **02**。

02 **打开素材** 执行"文件＞打开"命令，在弹出的对话框中选择"人物.jpg"素材，将其打开拖入到场景中。然后选择工具箱中的钢笔工具，在选项栏中设置工作模式为"路径"，将人物的轮廓勾选出来 03　04　05。

03 **删除背景** 按下快捷键 Ctrl+Enter 将路径转换为选区，然后按下 Delete 键删除人物背景，按下快捷键 Ctrl+D 取消选区 06　07。

04 **放大图像** 选择"人物"图层，按下快捷键 Ctrl+T。将人物图像放大，并放置到合适的位置 08　09。

05 打开素材 执行"文件 > 打开"命令，在弹出的对话框中选择"化妆品 1.png"素材，将其打开拖入到场景中，并放置到合适的位置 10 11。

06 打开素材 继续执行"文件 > 打开"命令，在弹出的对话框中选择"化妆品 2.png"、"化妆品 3.png"、"化妆品 4.png"素材，将它们打开拖入到场景中，并放置到合适的位置 12 13。

07 打开素材 继续执行"文件 > 打开"命令，在弹出的对话框中选择"杯子.png"素材，将其打开拖入到场景中，并放置到合适的位置，然后设置图层的混合模式为"正片叠底" 14 15。

08 **绘制形状**　选择工具箱中的矩形工具 ，在选项栏中设置工作模式为"形状"、填充颜色为绿色（R：130，G：151，B：132），在页面上绘制矩形 16 17。

09 **输入文字**　选择工具箱中的文字工具 T.，在页面上输入文字，并在"字符"面板中设置文字的"字体"、"字号"、"颜色"等参数 18 19。

10 **输入文字**　使用同样的方法输入其他文字，得到最终效果 20 21。

第 26 章

杂志商业大片应用

时尚杂志大片一直都是向大家传递最新信息的重要通道，杂志作为一种重要的平面媒体，被各行各业应用。一本好的杂志，它的宣传力度是很大的。一本杂志是否被人接受，杂志封面起了很大的作用。因此，杂志封面如何设计、如何排版配色显得尤为重要。

Section

杂志大片合成

● 光盘路径
Chapter26\Media

● Level ————
◇◇◇

● Version ————
CS4、CS5、CS6、CC

Keyword ● 图层样式、横排文字工具、矩形工具、蒙版

　　杂志作为一种重要的平面媒体，被各行各业应用，一本好的杂志，它的宣传力度是很大的，本章将通过两个案例介绍其设计和配色。

案例 1 电台宣传海报的合成

案例综述

　　本例制作电台宣传海报，选用了和电台工作相关的音箱、话筒、舞台旋转灯等素材，再加上发光效果给人以动感、狂欢的氛围，最后很有设计感的文字起到了突出主题、画龙点睛的作用。

设计规范

尺寸规范	1 275×1 875（像素）
主要工具	图层样式、横排文字工具
文件路径	Chapter26\26-1.psd
视频教学	26-1.avi

案例分析

　　本例使用大量素材合成制作出符合海报主题的场景，通过"外发光"选项制作发光效果，再添加符合海报主题的字体，最后使用"色彩平衡"、"照片滤镜"和"纯色"命令调整海报的整体颜色。

操作步骤：

01 打开文件 执行"文件 > 打开"命令或按下快捷键 Ctrl+O，打开素材"26-1-1.jpg"文件 **01 02**。

01

02

02 导入素材 执行"文件 > 打开"命令或按下快捷键 Ctrl+O，打开素材"26-1-2.png"文件，将素材拖曳到场景文件中，然后按下快捷键 Ctrl+T 自由变换图像的大小和位置，再按下 Enter 键结束 03 04 。

03 导入素材 使用相同的方法导入素材，并放置到合适的位置 05 06 。

04 绘制阴影 新建图层，选择工具箱中的椭圆选框工具 ，在选项栏中设置羽化为 10 像素，在画面上绘制椭圆选区 07 。然后设置前景色为黑色，按下快捷键 Alt+Delete 填充颜色，按下快捷键 Ctrl+D 取消选区 08 。

05 **导 入 素 材** 按 下 快 捷 键 Ctrl+O，打开素材 "26-1-5.png" 文件，将其拖曳到场景文件中，并 移动到合适的位置，然后设置图层 的混合模式为 "滤色"  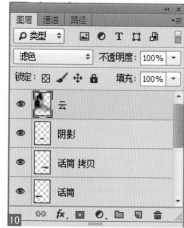。

06 **导入素材** 使用相同的方法导 入素材，并放置到合适的位置  。

07 **绘制亮光** 新建图层，选择 工具箱中的椭圆选框工具 ，在选项栏中设置羽化为 40 像素， 在画面上绘制椭圆选区 。然后 设置前景色为白色，按下快捷键 Alt+Delete 填充颜色，按下快捷键 Ctrl+D 取消选区，并设置图层的不 透明度为 70% 。

08 **添加外发光** 双击图层，弹出"图层样式"对话框，选择"外发光"选项，设置参数，然后单击"确定"按钮 15 16。

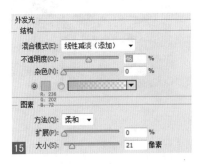

09 **导入素材** 按下快捷键 trl+O，打开素材"26-1-8.png"文件，将其拖曳到场景文件中，并移动到合适的位置，然后设置图层的混合模式为"明度" 17 18。

10 **导入素材** 按下快捷键 Ctrl+O，打开素材"26-1-9.png"文件，将其拖曳到场景文件中，并移动到合适的位置。然后双击图层，弹出"图层样式"对话框，选择"颜色叠加"选项，设置参数，单击"确定"按钮结束 19 20。

11 **导入素材** 按下快捷键Ctrl+O，打开素材"26-1-8.png"文件，将其拖曳到场景文件中，并移动到合适的位置21 22。

12 **添加文字** 选择工具箱中的横排文字工具 T，在选项栏中设置字体为 Planet Kosmos、字号为 48点、颜色为黑色，然后在画面上单击输入文字23 24。

13 **添加图层样式** 双击图层，弹出"图层样式"对话框，选择"渐变叠加""投影"选项，设置参数，然后单击"确定"按钮25 26 27。

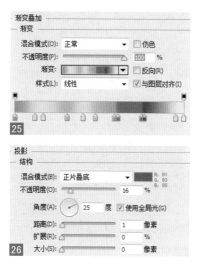

14 **复制图层**　选择 plngged 图层，按下快捷键 Ctrl+J 复制，然后更改文字的颜色为黄色（R：203，G：165，B：84）。右击图层，选择"清除图层样式"命令，并将画面中的文字向右平移 28 29。

28

29

15 **添加斜面和浮雕**　双击图层，弹出"图层样式"对话框，选择"斜面和浮雕"选项，设置参数，然后单击"确定"按钮 30 31。

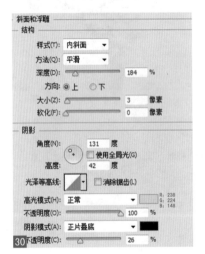

30

31

16 **复制图层**　选择"plngged 拷贝"图层，按下快捷键 Ctrl+J 复制，并设置图层的填充为 0，然后右击图层，选择"清除图层样式"命令。双击图层，弹出"图层样式"对话框，选择"渐变叠加"选项，设置参数，单击"确定"按钮结束 32 33。

32

33

17 **制作其他文字** 使用绘制阴影的方法为文字绘制高光34，并使用相似的方法制作其他文字35。

34

35

18 **绘制矩形** 选择工具箱中的矩形工具 ，在选项栏中选择该工具的模式为形状，设置颜色为黑色，在画面中绘制矩形36 37。

36

37

19 **添加图层样式** 双击图层，弹出"图层样式"对话框，选择"内阴影""渐变叠加"选项，设置参数，然后单击"确定"按钮38 39 40。

内阴影
结构

混合模式(B)：正片叠底

不透明度(O)： 31 %

角度(A)： -167 度 □使用全局光(G)

距离(D)： 11 像素

阻塞(C)： 0 %

38 大小(S)： 10 像素

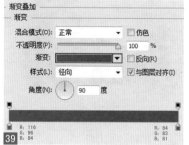

渐变叠加
渐变

混合模式(O)：正常 □仿色

不透明度(P)： 100 %

渐变： □反向(R)

样式(L)：径向 ☑与图层对齐(I)

角度(N)： 90 度

R: 116   R: 84
G: 96   G: 83
39 B: 84   B: 81

40

20 **添加文字** 选择工具箱中的横排文字工具 T，在选项栏中设置字体为 BigNoodleTitling Regular、字号为 22.22 点、颜色为浅灰色（R：241，G：241，B：241），在画面上单击输入文字。然后新建图层，设置字号为 11.46 点，在画面上单击输入文字41 42。

21 **添加图层样式** 双击图层，弹出"图层样式"对话框，选择"渐变叠加""投影"选项，设置参数，然后单击"确定"按钮，并复制图层样式到另一个文字图层上43 44 45。

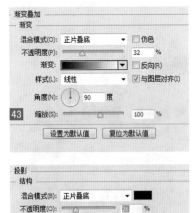

22 **绘制矩形** 选择工具箱中的矩形工具 ▢，在选项栏中选择该工具的模式为"形状"，设置颜色为灰色（R：154，G：149，B：148），然后在画面中绘制矩形46 47。

23 **添加投影**　双击图层，弹出"图层样式"对话框，选择"投影"选项，设置参数，单击"确定"按钮结束。然后复制"矩形 2"图层，向下平移 48 49 。

投影
结构

混合模式(B):	正常		
不透明度(O):		100	%
角度(A):	90	度 ☑ 使用全局光(G)	
距离(D):		2	像素
扩展(R):		0	%
大小(S):		0	像素

48

49

24 **添加文字**　选择工具箱中的横排文字工具 T ，在选项栏中设置字体为 BigNoodleTitling Regular、字号为 21.55 点、颜色为黄色（R：224，G：186，B：82），在画面上单击输入文字。新建图层，设置字号为 16.49 点、颜色为墨绿色（R：90，G：96，B：101），在画面上单击输入文字。新建图层，设置字号为 13.74 点，在画面上单击输入文字 50 51 。

50

51

25 **添加图层样式**　双击图层，弹出"图层样式"对话框，选择"内阴影""投影"选项，设置参数，然后单击"确定"按钮，并复制图层样式到其他文字图层上 52 53 54 。

内阴影
结构

混合模式(B):	正片叠底		
不透明度(O):		28	%
角度(A):	135	度 ☐ 使用全局光(G)	
距离(D):		3	像素
阻塞(C):		0	%
大小(S):		4	像素

52

投影
结构

混合模式(B):	正片叠底		
不透明度(O):		25	%
角度(A):	25	度 ☑ 使用全局光(G)	
距离(D):		4	像素
扩展(R):		0	%
大小(S):		3	像素

53

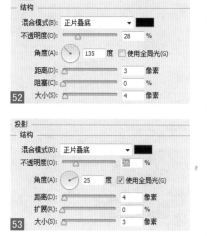

54

327

26 **添加亮光** 使用前面制作亮光的方法制作更多发光效果。按下快捷键 Ctrl+O，打开素材 "26-1-11.png" 文件，将其拖曳到场景文件中，并移动到合适的位置，然后设置图层的混合模式为 "变亮" 55 56。

27 **创建新的填充或调整图层** 单击 "图层" 面板下方的 "创建新的填充或调整图层" 按钮 ，在下拉菜单中选择 "色彩平衡"、"照片滤镜" 选项，在打开的 "属性" 面板中设置参数 57 58 59 60 61。

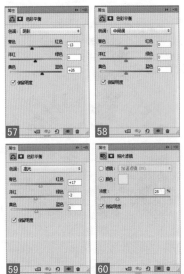

28 **最终效果** 继续单击 "图层" 面板下方的 "创建新的填充或调整图层" 按钮 ，在下拉菜单中选择 "纯色" 选项，在弹出的 "拾色器" 对话框中设置参数，单击 "确定" 按钮 62。设置前景色为黑色，然后选择蒙版，按下快捷键 Alt+Delete 为蒙版填充黑色。接着选择工具箱中的画笔工具 ，设置前景色为白色，在蒙版中进行涂抹，使部分图像显现 63 64。

案例 2

时尚杂志海报的合成

案例综述

　　本例融合了摄影作品和形状素材的叠加，将原本很普通的元素组合在一起营造出浓郁的都市时尚文化气息。在一个海报中，文字的排版非常重要，既要突出主题，又要和主题相呼应。通过本例的学习，读者可以对时尚杂志海报的制作有更深的认识。

设计规范

尺寸规范	1 275×2 175（像素）
主要工具	剪贴蒙版、横排文字工具
文件路径	Chapter26\26-2.psd
视频教学	26-2.avi

案例分析

　　本例先利用"剪贴蒙版"将摄影作品和形状合成在一起，再利用蒙版将部分区域显示出来，制作出时尚、有设计感的大片效果，最后通过多个文字图层和图层样式制作出立体、环绕的文字效果。

操作步骤：

01 打开文件 执行"文件 > 打开"命令或按下快捷键 Ctrl+O，打开素材"26-2-1.jpg"文件 01 02。

02 导入素材 按下快捷键Ctrl+O，打开素材"26-2-2.png"、"26-2-3.png"文件，将它们拖曳到场景文件中，并自由变换大小，然后移动到合适的位置 03 04 05 。

03 复制图层 按下快捷键Ctrl+J复制"染料"图层，自由变换大小、旋转角度并移动到合适的位置，然后执行"图像＞调整＞色相／饱和度"命令，在弹出的"色相／饱和度"对话框中设置参数，单击"确定"按钮结束 06 07 08 。

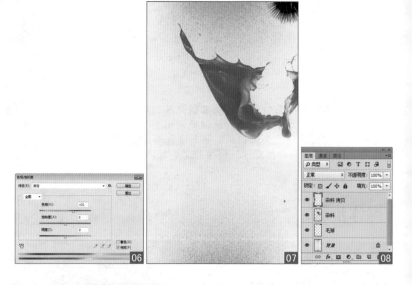

04 导入素材 按下快捷键Ctrl+O，打开素材"26-2-4.png"文件，将其拖曳到场景文件中，自由变换大小，并移动到合适的位置 09 10 。

05 **绘制形状**　选择工具箱中的钢笔工具 ，在选项栏中设置该工具的模式为"形状"，设置填充为紫色（R：168，G：87，B：162），绘制形状，得到"形状 1"图层 11。复制图层，按下快捷键 Ctrl+T 自由变换、旋转形状，并移动到合适的位置，然后按下 Enter 键结束。设置前景色为黄色（R：253，G：184，B：18），按下快捷键 Alt+Delete 为形状拷贝图层填充颜色 12 13。

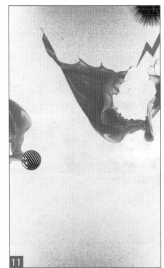
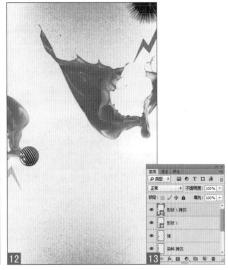

06 **导入素材**　按下快捷键 Ctrl+O，打开素材"26-2-5.png"、"26-2-6.png"文件，将它们拖曳到场景文件中，自由变换大小，并移动到合适的位置 14。按住 Ctrl 键，同时单击形状图层缩略图，调出选区，然后选择人物图层，单击"图层"面板下方的"添加图层蒙版"按钮 ，添加蒙版 15 16。

07 **绘制形状**　选择工具箱中的钢笔工具 ，在选项栏中设置该工具的模式为"路径"，在画面上绘制路径，并按下快捷键 Ctrl+Enter 将路径转换为选区 17。设置前景色为黑色，选择人物图层的蒙版，按下快捷键 Alt+Delete 为选区填充颜色 18 19。

08 绘制形状 选择工具箱中的钢
笔工具 ，在选项栏中设置该工
具的模式为"形状"，设置颜色为
白色，在画面上绘制形状，并设置
图层的不透明度为 35% 20。按住
Ctrl 键，同时单击形状图层缩略图，
调出选区，然后单击"图层"面板
下方的"添加图层蒙版"按钮 ，
添加蒙版 21 22。

09 导入素材 按下快捷键Ctrl+O，
打开素材"26-2-7.png"文件，将
其拖曳到场景文件中，自由变换大
小，并移动到合适的位置 23。按下
快捷键 Ctrl+J 复制"扬声器"图
层，自由变换大小后移动到合适的
位置，接着执行"图像＞调整＞色
相／饱和度"命令，在弹出的"色
相／饱和度"对话框中设置参数，
单击"确定"按钮结束 24 25。

10 绘制亮光 新建图层，选择工
具箱中的椭圆选框工具 ，在选
项栏中设置羽化为 40 像素，在画
面中绘制椭圆。设置前景色为白色，
按下快捷键 Alt+Delete 填充颜色
26，然后双击图层，在弹出的"图
层样式"对话框中选择"外发光"
选项，设置参数，单击"确定"按
钮结束 27 28。

11 **添加文字** 选择工具箱中的横排文字工具 ，在选项栏中设置字体为 Bebas Neue，字号分别为 18.22 点、11.89 点、25.62 点、5.3 点，设置颜色，在画面中单击输入文字 29 30。

12 **添加文字** 选择工具箱中的横排文字工具 ，在选项栏中设置字体为 Devil Breeze Bold，字号为 64 点，颜色分别为黑色和红色（R：191，G：61，B：147），在画面中单击输入文字 31，并设置图层的混合模式为"正片叠底" 32 33。

13 **添加图层样式** 双击图层，在弹出的"图层样式"对话框中选择"内阴影""内发光"选项，设置参数 34 35 36。

333

14 添加图层样式 继续在"图层样式"对话框中选择"渐变叠加""外发光"选项，设置参数 37 38 39 。

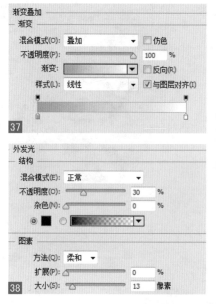

15 添加图层样式 继续在"图层样式"对话框中选择"投影"选项，设置参数 40 41 。然后复制文字图层，按下快捷键 Ctrl+T 自由变化文字大小，按下 Enter 键结束，并设置图层的混合模式为"正常" 42 。

16 添加蒙版 选择工具箱中的钢笔工具 ，在选项栏中设置该工具的模式为"路径"，在画面上绘制路径，并按下快捷键 Ctrl+Enter 将路径转换为选区，再按下快捷键 Shift+Ctrl+I 反向选区 43 。然后单击"图层"面板下方的"添加图层蒙版"按钮 ，添加蒙版 44 45 。

17 **复制图层** 再次复制文字图层，设置图层的混合模式为"正常"，填充为0。然后双击图层，弹出"图层样式"对话框，选择"斜面和浮雕""等高线""内阴影"选项，设置参数46 47 48 49。

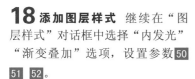

18 **添加图层样式** 继续在"图层样式"对话框中选择"内发光""渐变叠加"选项，设置参数50 51 52。

19 **添加图层样式** 继续在"图层样式"对话框中选择"外发光""投影"选项，设置参数53 54 55。

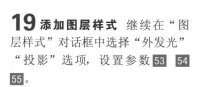

20 **制作其他文字效果** 使用相似的方法，制作其他文字效果56 57。然后新建图层，选择工具箱中的画笔工具，在选项栏中设置画笔的模式为柔角画笔，降低不透明度，设置前景色为黑色，在画面中绘制阴影，并将阴影图层移动到背景图层上方58。

21 **绘制亮光** 使用前面绘制亮光的方法绘制其他亮光59 60。

22 **最终效果** 单击"图层"面板下方的"创建新的填充和调整图层"按钮，在下拉菜单中选择"色阶"命令，打开"属性"面板设置参数61 62。

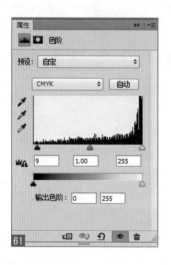